U0960489

编 委 会

主　编：闫荣霞

副主编：朱成玉　蔡　践

编　委：

张旭辉　孙道荣　杨　敬　陈玉潇

夏保国　周海亮　崔修建　寻国兵

迟双明　许冬林　顾晓蕊　范战国

李向锋　刘敬艳　陈立红　张诗雨

刘克勤　段雪莲　武薇薇　张金玲

怕，你就输一辈子

迟双明 编著

成都时代出版社
CHENGDU TIMES PRESS

图书在版编目（CIP）数据

怕，你就输一辈子 / 迟双明编著 .-- 成都：成都时代出版社，2018. 8（2018. 9 重印）
ISBN 978-7-5464-1907-7
Ⅰ . ①怕… Ⅱ . ①迟… Ⅲ . ①成功心理—通俗读物 Ⅳ . ① B848.4-49
中国版本图书馆 CIP 数据核字（2017）第 162064 号

怕，你就输一辈子
PA NIJIUSHUYIBEIZI
迟双明 编著

出品人	石碧川
责任编辑	李　林
责任校对	张　洁
装帧设计	范　磊
责任印制	唐莹莹
出版发行	成都时代出版社
电　话	（028）86618667（编辑部） （028）86615250（发行部）
网　址	www.chengdusd.com
印　刷	三河市嵩川印刷有限公司
规　格	880mm × 1230mm　1 / 32
印　张	8
字　数	220 千字
版　次	2018 年 8 月第 1 版
印　次	2018 年 9 月第 2 次印刷
印　数	1–8000
书　号	ISBN 978-7-5464-1907-7
定　价	39.80 元

著作权所有 · 违者必究
本书若出现印装质量问题，请与工厂联系。电话 0316-3656589

前言

一个女孩子，有一个怪毛病，每次看到好看的衣服一定会把同样款式的买两件，她说："我怕的是如果只买一件，我再想买的时候没有了怎么办？"

一个小宝宝，刚看到针头就哇哇地哭起来，针还没扎到自己的小屁屁上呢，他就开始怕疼了。

一个面临毕业的大学生，在经理室门前徘徊，他担心自己万一应聘不上怎么办，女朋友会不会离自己而去，父母会不会伤心，同学们会不会看不起自己？

"怕"，我们生活中的一道暗黑的旋律。也许你不承认，但它一定存在。

怕老，怕病，怕死。怕疼，怕苦，怕黑。怕被害，怕倒霉，怕吃亏。我们怕的东西这么多，都快要把自己"怕"死了。

可是怕这么多，也并没有使我们的生活好过一些。该老还是会老，该病仍旧会病，大限将至，谁能在世间多停留一秒钟？怕疼就不疼了么？怕苦就不用吃苦了？怕黑，黑暗每天都会来一次。怕被害仍旧被害，怕倒霉仍旧倒霉，怕吃亏仍旧吃亏。

这么多负面事实摆在一起，或者说，这么多将要到来的负面事实摆在一起，以“怕”字为联结，不但没有使我们的生活好过一些，反而使我们的心如坠铅块，使我们的腿战战兢兢，如同摆在案上的瓷瓶，不敢举步，生怕一举步就是深渊。

却不知道，不是一迈步就是深渊——毕竟人不是瓷瓶，而是一个“怕”字使我们如临深渊。

如果我们不怕，世界将会怎样?

也许它不会更好，但起码不会变得更坏。

甚至它不但不会变得更坏，因为心里不怕，日子反而过得轻松愉快。快乐是多么难求，因为去掉一个“怕”字，竟然这么轻巧地来了。

那么好吧，我们就不怕吧。

想不怕就不怕吗？不怕就这么容易吗？当然，因为这本书在。本书所精选的近百篇美文，既有“怕”字顶上笼聚的阴云，也有“不怕”带来的刺破黑暗的阳光。拨云见日，说的大概就是这个意思。

希望读者诸君通过阅读本书，能够拔除深种心底的恐惧，阳光洒下，拽步前行，路上芳草如茵，路上落英缤纷。

闫荣霞

目　录

第一辑 • • •

怕输永远赢不了，不怕输大有赢的机会

第二辑 • • •

让内心强大一点，莫让恐惧占上风

第三辑 • • •

经历破蛹之痛，才能舞动整片天空

第六辑 • • •

拒绝退缩，就等于奠定了赢的胜局

第七辑 • • •

带着勇敢前行，风雨之后见彩虹

第八辑 ● ● ●

无论这个世界怎样对你，请一如既往地努力

第一辑

怕输永远赢不了，不怕输大有赢的机会

别怕，黑暗一捅就破

●朱成玉

那时，我正在经历人生的低谷。坐在我对面的命运，像一个高深的弈者，总能识破我的一招一式，令我节节败退，四面楚歌。

由于决策上的失误，公司面临重大的危机。我召集公司所有的智囊商量对策，但没有一个人，能走出一步好棋。

我吩咐秘书推掉所有的电话，把自己关在一个漆黑的屋子里。为了防止自己崩溃，我放着比较轻松的曲子。尽管如此，我依然感到了一种大难临头的恐惧。

老父亲知道了我的困境，把自己辛辛苦苦积攒的养老钱全部拿了出来，让我解燃眉之急。那点钱对于我的公司来说，无异于杯水车薪。

父亲在外面敲门，敲了足足有个把钟头，我依旧无动于衷。父亲急了，用拳头一下子砸碎了玻璃，光亮就这样闯了进来。

我给父亲包扎手上的伤口，父亲说，黑暗不可怕，你看，我一拳头就把它砸跑了。我知道父亲话中隐含的意思，我们同时想到了很多年前的一件往事。

那时候我还很小，好像只有8岁。由于在政治上和苏联交恶，全国上下都在忙着备战，战争一触即发。我们家里买了一大口袋饼干，以备不时之需。有一天，广播里通知说，敌机很有可能在夜里飞过我们城市的上空，为了防止被敌人的飞机看到可以袭击的目标，各家各户都不准点灯，窗户上要糊满纸，不能有一点光亮。

那个夜晚，到处都是黑黢黢的，阴森而恐怖。

大人们聚到院子里，忧虑地望着天空，甚至连烟卷都不敢抽，紧张到极点。我们则躲到了屋子里，大气不敢出，更是紧张得要命。父亲说，别怕，黑暗马上就过去了。为了缓解我们紧张的情绪，他给我们讲一个个轻松的故事。渐渐地，我们不再那么害怕了。警报解除的时候，院子里的人们点起了篝火庆祝。父亲用手指捅破了窗户纸，火焰一下子照亮了我们。父亲说，看，黑暗并不可怕，它一捅就破。

父亲并未给我带来智慧的“金点子”，帮我力挽狂澜，渡过难关，但父亲为我带来了一根乐观思想的拐杖，使我不至于摔倒，使我在如潮的黑暗中看到了那鼓舞人心的丝丝曙光，使我坚定了信心，和公司的所有员工一起，节衣缩食，艰苦奋斗，终于渡过了最为艰难的一段时期，使公司又重新走上了光明之路。

每个人的人生都会或多或少地经历一些黑暗，面对那些黑暗，亚瑟王悲观地说：“我不相信有天堂，因为我被困在这个地狱的时间太长了。”泰戈尔却乐观地说：“如果黑暗中你看不清方向，就请拆下你的肋骨，点亮作火把，照亮你前行的路。”

这些话，都是后来在书本上看到的，都是名言。而比这些名言更让我记忆深刻的，永远是父亲那句朴实的话：别怕！黑暗一捅就破。

我们吓坏了自己

•周海亮

在电视台做事的朋友，给我讲了这样一个故事：

有一次，他们的一档娱乐节目需要在大街上做一个随机采访，朋友正好是那个节目的外景主持人。采访很简单，朋友握着话筒，拦下一个个路人，问："如果我现在能帮您实现一个愿望，那么，您希望这个愿望是什么？回答时间限定，十秒钟。"

为这个节目，朋友做了充足的准备。就是说，不管对方做出怎样的回答，他都可以继续问下去，从而将话题延伸。那天他在街上拦下二十个路人，他向二十个路人一一询问了同样的问题。

结果却令他大为震惊。——二十个人中，有十九个人的回答基本相同。十秒钟过去，他们会说："我还没有考虑好。"说这些时，他们表情严峻，眉头紧锁，——似乎生怕自己说错，从而失去一个难得的能够实现愿望的机会。

难道他们不知道这不过是一个游戏？当然不是。谁都知道这只是一个游戏，谁都清楚我的朋友不会帮他们实现任何愿望。既然如此，他们说什么都行，怎么说都行。可是他们仍然不肯轻易开口，他们痛苦地一本正经地思考，然后，抱歉地对朋友说："对不起我还没有考虑好。"

甚至有人说，如果给我一天时间，如果您明天还要采访我，那么明天，或许我会给你一个最完美的答案。

那天，朋友非常失望。他说："这个城市的人已经习惯了毫无理由的严谨。或者说，他们被自己吓坏了。"

"被自己吓坏了？"我不懂。

"是的。"朋友说，"他们总是害怕出错。或许他们害怕受到我的愚弄，或许他们害怕受到路人的嘲笑，或许他们害怕将自己的愿望暴露，或许，他们真的害怕失去一次实现愿望的机会。总之，他们失去了回答一个最简单的问题的勇气。事实上，这个城市的人每天都在遭受各种各样的惊吓：怕失业、怕失恋、怕降薪、怕成为别人的笑柄等。或许他们曾见过别人失业、失恋、降薪、成为别人的笑柄；或许他们在以前的生活中也曾失过业、失过恋、降过薪、成为过别人的笑柄；或许这一切的发生，有时候真的仅仅因为一句随口而出的没有经过深思熟虑的话，因此，他们只能练成千篇一律的严谨和古板。他们每一天都在小心翼翼地过日子，生怕说错任何一句话甚至一个字，哪怕，是做类似'帮你实现一个愿望'这样的游戏。"

"不是还有一个人说出了自己的愿望吗？"我问。

"那是一个男孩。"朋友说。

"他的愿望是什么？"

“给我五块钱！”

我们都笑了。

“只有孩子才可以无所顾忌地说话，才可以将自己的愿望毫无戒备地暴露给别人。所以那天我真给了他五块钱。后来我想，假如那十九个人真的说出自己的愿望，有些愿望，或许我真可以帮他们实现。可是，他们没有说……”

“第二天你又去采访他们了吗？”我问。

“没有。那档节目最终被取消了。其实就算我第二天再去，我想他们也不会考虑好。事实上，他们永远都不会考虑好。——考虑的时间越长，越是难以抉择。因为他们被自己吓坏了，还因为，他们想要实现的绝不仅仅只有一个愿望。”

“所以，就算你二十年后仍然采访这二十个人，结果也会完全一样。”

“不，”朋友笑笑说，“结果肯定不一样。”

“不一样？”

“不一样。”朋友说，“因为那时，将愿望暴露的那个男孩，已经长大了。”

成功就是敢于碰钉子

●朱迎兵

坎普·吉列出生在芝加哥一个小商人家庭，家里兄弟姐妹多，经济状况很差。为了减轻家里的负担，他 16 岁时辍学回家，当了一名普通的推销员。

推销东西对坎普·吉列而言，是巨大的考验。他太害羞了，与陌生人说话，他总是面色通红，表情木讷。好在他是不服输的人，他的目标是做一名金牌推销员。从第一天上班起，他便强迫自己，见了陌生人要大声招呼。在接受业前培训时，第一个抢先回答问题的人肯定是他，他并非知道答案，而是他决定，不管那个问题他是否知道答案，都要第一个发言。很多时候，他的回答与问题风马牛不相及，课堂上爆发出哄笑，可他会接着说下去，一直说到大家都静静地听着，培训老师露出微笑为止。

经过两周的培训，吉列感觉心理的承受能力已到了一定的程度，他便要求出去推销了。他推销的是一种制作葡萄酒的机器，经理告诉他，刚开始做这个行业，几个月没有卖出一台机器很常见，半年内能卖出一台去，就很好了。

吉列决定要先走最难的路。他敲响了一家酒厂老板的门，那家酒厂，曾买过公司的产品，因产品质量问题和公司闹得很僵。他见到了酒厂的老板，如实地自报了家门，那老板虎起了脸，一句话也不容他说，挥手让他离开。

第二天，他又敲响了那老板的门，老板见是他，扭头走了。

第三天，他再一次站在了那个老板面前，抢在老板赶他走之前，说："我说几句话就走。"老板默许了，他像在培训课堂上一样，滔滔不绝地说起来。他从前一次公司的失误说起，向老板表示道歉。接着，又详细地介绍了这款机器的特点以及质量方面的保证。最后他说，他知道此行失败是难免的，他只是想通过这次失败，练练自己的胆量。谁知道几天后，那老板给他打来电话，说决定购买产品。

此后，吉列一发而不可收，一个月内，卖出了四台机器。这是公司里那些老牌的推销员们也没有创造出的奇迹。

吉列推销产品，是依靠真诚打动买家，当然并不是每次都能获取成功。可是他有不怕碰钉子的精神，他深知，做好一桩事情，需要有"铁棒磨成针"的恒心和毅力。人生难免碰钉子，可是碰的钉子积累到一定量的时候，总会成功一次，因此每碰一次钉子，就是离成功进了一步。他把所有的客户，都看成是走向成功的钉子，对他们一个也不漏过。

推销员的经历使坎普·吉列发现了自己的经商潜力。他在做了 24 年的推销员后，创办了自己的公司，公司早期也濒临破产，可是他把所有的困难都当作是成功路上的钉子，没有气馁。有一天，他手托下巴陷入沉思，那没有刮干净的胡须扎疼了他的手，也刺激了他的思绪：每个男人都需要刮胡子，而刮胡子就需要剃须刀，联想到自己修面时的诸多不便，他暗下决心，一定要开发出一种“用完即扔”的剃须刀，来实现自己的发财梦想。最终，他创造了闻名世界的“吉列剃须刀”。吉列剃须刀后来行销全世界，吉列因此成为屈指可数的富豪。

不怕失败，敢碰钉子，就是成功的前提。

输在起点，赢在终点

●马红丽

他出生在孟买的一个贫苦家庭，七八岁就开始帮着父母赚钱养家，深深体会到低种姓阶层生活的不易。父亲在火车站开了一个茶摊，每天放学，别的小孩都高高兴兴地回家了，他却要背着书包，一路赶到车站，帮父亲卖茶。看着曳着长烟、奔驰而来又疾驶而去的火车，他年少的心里总是会生出无限的向往，幻想自己正坐在那一排长窗中的某一扇窗口边，无穷的风景渐次展开。

也许，正是抱着这样一份向往，他比同龄孩子显得更加成熟。他知道，在印度这样一个等级制度森严的社会，像他这种处在社会底层的人，只有通过努力才可以改变卑微的命运。他通宵达旦地学习各种知识，无数个夜晚，就着如豆的油灯，他如饥似渴地读着借来的各种书，几乎把小镇上图书馆里的书全部读完。书读得越多，越让他的心里变得不安分，他苦苦思索：如何才能让自己的一生更灿烂？人生更有价值？从政的梦想在那一刻悄悄萌芽。

然而，他的想法却遭到了周围人的耻笑，说他是异想天开。是呀，一个卖茶的穷小子，竟然想要从政，莫不是痴人说梦？面对那些耻笑，他毫不在意。他积极参加各种社会活动，坚持为自己的梦想做着最大的努力。

卑微的出身像牢笼一样禁锢着他，父母并不支持他，在他们看来，人的命天注定，娶妻生子，过安稳的生活就足够了，周围的人不都是这样过的吗？他们按照传统为他订了一门“娃娃亲”，并在他 18 岁那年，强迫他完婚。无奈之下，他只好按照父母的意愿完婚。暂时的妥协并不是意味着他放弃了自己的梦想，没过多久，他便不辞而别，偷偷离开了家乡。

当时的印度政坛风云变幻，经济停滞不前，民众苦不堪言，两年的漂泊生活，丰富了他的阅历，磨练了他的意志，也让他更明确了自己的梦想：做一个勇立潮头的人，为自己的国家和民众做一些有意义的事。他重新回到了家乡，并加入了国民志愿团，一边经营茶摊，一边参与一些政治活动。

卑微的出身和对贫穷生活的见证与体验，让他更能设身处地为劳苦大众着想，他经常在一些刊物上就民主问题发表评论，他的文章视角敏锐、观点犀利，一度在印度政坛引发广泛议论。慢慢地，他的政治才能开始崭露头角，引起了很多人的关注。

1981 年，他加入成立不久的印度人民党，几年后，被任命为人民党古吉拉特邦秘书长，他作为组织者的才能逐步得到认可，正式进入主流政治圈。之后，犹如一颗政坛明星，他的影响力越来越大，凭借卓越的领导能力先后任人民党全国秘书长、人民党总书记、古吉拉特邦首席部长。2014年5月印度大选中，他又以绝对优势战胜出身政治豪门的国大党领袖拉胡尔·甘地，登上最高政治舞台。

他的名字叫纳伦德拉·莫迪。从昔日的街头小贩，到如今12亿人的大国总理，莫迪以自己的传奇经历告诉人们："起点的高低并不意味着终点的高低，低起点更能磨砺一个人的心气。再卑微的起点，只要你肯努力，终点同样可以精彩无限！"

的确，在人生的跑道上，不必过于在意起点的优劣输赢，因为起点仅仅只是一个开始，它并不能够决定终点。只要心存梦想，并且坚持不懈地为之努力，每个人都可以书写自己的传奇，最终赢在终点。

给我一个失败的机会

● 张金玲

苏菲·玛索出生于法国巴黎市郊。她的父亲是一个经常在外的卡车司机，家境贫寒，这使得小时候的她十分自卑，内向害羞。

在四年级时，担任苏菲班主任的是一个刚毕业不久的女孩。有一次，学校组织班级文艺汇演比赛，这位女老师特别想要得第一名，所以她做了精心的设计，然后认真排练。

这天下课后，苏菲怯生生地站在老师面前，红着脸有点语无伦次地说："老师，我也特别想参加汇演，只演一个小节目就行。我从来没有参加过演出……我可能演不好，但我真的想参加一次。老师，你可以给我，一个，失败的机会吗？"

老师愣住了：失败的机会？难道失败还需要机会吗？

"这个小女孩，平时上课发言都紧张，她能演好什么节目呢？"老师在心里想。正想拒绝时，看到了苏菲憋得通红的脸，那般渴望的眼神，转念又一想：苏菲是一个有点害羞的小女孩，平时很少开口说话，此时能够走到自己面前毛遂自荐，是用了多大的勇气呢。这个“失败的机会”让她心软了，她决定给苏菲一个重要的角色——担任文艺汇演的主持人之一。

苏菲听到了自己心狂跳的声音，她的内心是多么地渴望成功啊！她很珍惜这次机会，努力认真地排练，每一次彩排她都表现得不错。

正式表演那天终于到了，教室里来了很多领导和老师，从来没有被那么多人瞩目过，站在台上的苏菲紧张得透不过气，之前背得滚瓜烂熟的台词全忘记了，她的脑子里一片空白。她站在那里，脸憋得通红，老师忙递上稿子，虽然最终顺利主持了下去，可是效果并不理想。

文艺汇演结束后，很多孩子都在指责她，她趴在桌上哭，老师进来了，依旧不敢抬头。

老师制止了那些指责苏菲的孩子们，说道：“苏菲很勇敢，也很努力，并且她努力争取‘失败的机会’的话也让我特别喜欢、特别欣赏。每一次失败都是历练，哪有人天生就是成功的呢？我们都是普通人，都是在一次又一次的失败中汲取经验，不断进步的。我也希望你们在今后的人生道路上，要争取每一次失败的机会，不怕出丑，不怕嘲讽，勇敢挑战自我，只要你不怕挫折，勇敢承受失败，终究会收获成功的。”

苏菲抬起了头，看到的是女教师鼓励的目光，她满是泪水的眼睛明亮起来。

苏菲心里知道，其实当时她想说的不是“失败的机会”，只是想要一个机会而已。可因为当时无比紧张，说错了话，又不敢纠正，让老师误会了，没想到竟然因此成就了她。

在此后的人生道路上，苏菲一直记着老师的话，勇敢争取每一次失败的机会，不灰心不气馁，在一次又一次的失败中，一个资质平常、内向害羞的女孩，终于历练出了从容自信的气质和坚韧不拔、独立的个性。

14岁时，她被导演克洛德·皮诺托相中，出演青春剧《初吻》，一炮走红，成为法国偶像童星；1995年，她主演的《勇敢的心》夺得第68届奥斯卡最佳影片奖；2002年，她执导的第一部影片《对我说爱》，获得第26届蒙特利尔电影节最佳导演奖……

苏菲说："我更渴望前进和变化，争取每一次失败的机会，失败是成功之母！"

争取每一次失败的机会，也给予每一次失败机会，不害怕失败的人，一定会收获更多的成功与自信。

承 诺

● 刘正权

他是在准备关手机时接到这个电话的，当时手机正显示着电量不足，而且已到了即将自动关机状态。

他笑了笑，这电池倒通人性，他的人生不也是到了自动关闭状态么?

关闭前接上一个电话应该是不会引来大帮债主的。

电话通了，居然是个女孩子，居然叫了他一声爸爸。呵呵，叫爷爷也没用，眼下他拿不出一分钱打发别人，挥金如土的日子，以后只能在奈何桥上回想了。

“认错人了吧！”他说。

“没有。”那边很肯定，说，“爸爸我只想见一见您，为十五年前的一个承诺，我在漫不经心咖啡屋等您！”

手机恰到好处地自动关机，他点燃最后一根烟，一个人穷困潦倒时，居然有个不相干的女孩子叫自己爸爸。呵呵，真的像某些电视剧开篇说的，本剧故事纯属虚构，如有雷同，实属巧合吗?

巧合吗？他不信，应该是对方弄错了才对，他摁灭烟头，起身，漫不经心咖啡屋离这儿就一站路，坐公共汽车得一元钱，一元钱他已经没有了。但一个将死之人，是应该纠正自己人生最后一站错误的，稀里糊涂当人家爸爸，孟婆给自己那碗忘魂汤时会加重药量的。

十五年前，呵呵，他的嘴角不自觉地咧开，算是笑了吧，那时，他给过多少人承诺啊，作为本市最大的民营企业家，他的每一句承诺都是举足轻重的，都是可以让垂死之人抓住的救命稻草。

眼下，他能伸手抓住什么？

摇摇头，他走上街头，大概过了十分钟，他走进了漫不经心咖啡屋，这时离喝咖啡的时间还早，要找一个单身女孩并不难。他信步走了进去，目光只一扫，就把那个女孩给拎了出来。

他不言语，径直走过去，坐下，看着这个叫自己爸爸的女孩，只看得女孩脸上窘了起来。

“我不记得有你这么个女儿。”他往背后一仰头说。

“您是贵人，当然不记得了！”女孩咬了咬唇说。

贵人？他自嘲地一笑，她的电话再迟来几分钟，他就应该成为鬼人了，鬼门关那边的人。

见他这样笑，女孩脸上挂不住了，说：“您当然不会记得一个清洁工的女儿。”

清洁工？他怔了一下，开始在脑海存储库的名单中扫描，的确，他记忆中没跟清洁工打过交道！

女孩再一次咬了红唇：“非得让我提起爸爸的名字？”

他点点头说："当然你不想提我也不会反对。"

女孩眼神恍惚了一下，说："傅世成，就是我爸。"

傅世成发黄的脸蛋一下子就浮现在他眼前了，一个曾经在他公司做过门卫的男人，一个长期病痨的男人，依稀记起来了，他女人曾拖着一辆垃圾车来给他送过东西。

垃圾车里就坐着眼前这女孩。

那次他送客商出门，见女孩鼻涕眼泪一大把地在车上哭，有损于公司形象呢。

当时他就脾气很不好地吼了一句："哪来的野孩子。"

记得傅世成是诚惶诚恐地跑出门卫室的，后面跟着他的女人。

听说是傅世成的女儿，他眉头皱了一下："怎么不送孩子上幼儿园？"

"家里没多余的钱，准备多捱一年，直接上学前班的！"女人看了看傅世成，手足无措地说。

上个学得几个钱？他嘴角撇了一下，冲身后的财务科长说："把这孩子上学的费用给列到公司账上。"

其实，这账没必要列，他随便吃一顿饭都比这账多几倍。"当牙齿缝漏了一口的。"事后，他跟财务科长开玩笑说。

女人是感激涕零的，按着女儿给他磕头说："您就是她再生父母呢，让她长大了孝敬您。"

他是有子女的，只是眼下都卷进了这场金融危机里惶惶不可终日，没想到啊，没想到！他叹口气，问女孩："你娘呢？"他知道女孩的爹已经过世好多年了。

“娘也过世了！”女孩眼里起了雾，跟着从身上掏出一笔钱来，抽出一张一百的，把剩下的全推到他面前。

“这是我孝敬您的！”女孩说。

“孝敬我？”他一怔，“有那必要吗？”

“有！”女孩挺了挺脊梁，“我答应过娘的，上班第一个月的工资交给您，留一百元做生活费。”

“我不缺这点钱的。”他苦笑了一下，把钱推回去，对他眼下的债务来说，这点钱无异于杯水车薪。

“您不缺钱，但我也不能缺了对娘的承诺！”女孩站起身，如释重负地出口长气，“娘是没能耐的人，一辈子不敢承诺什么，就这件事能当家，我不能让娘在九泉之下不能瞑目。”

他无语了，看着女孩。

女孩笑着说：“拥有您这么个有能耐的爸爸，我不能给您丢脸不是？”

女孩走了，他坐在那儿一张一张点钱，整整贰仟捌佰元。

当年，他是二百八十元起的家呢！

不就破一次产吗？他笑笑，不怕，就当从零开始吧，怎么说他还有个一诺千金的女儿呢。

光脚的不怕穿鞋的

●林玉椿

1960年，罗马奥运会的马拉松比赛场上，正当裁判员准备举枪发令的时候，观众席上忽然爆发出一阵哄笑声——因为他们看到来自非洲的一位选手竟然是“赤脚大仙”！这位选手是来自埃塞俄比亚的阿贝贝·比基拉，名不见经传的他，根本引不起人们的任何期望，大家只把他当成一个笑话来看。而这个黑人小伙丝毫不在意人们的眼光，他安然自若地准备起跑。

比赛一开始，阿贝贝就飞快地跑了起来，成了“领跑”。人们又爆发出一阵哄笑声，他们一看就知道阿贝贝是个没有经验的“外行”——要知道，领跑是很吃亏的，非常浪费体力，还要自己把握好节奏、速度，所以几乎所有的选手都不愿意当领跑，他们开始时总喜欢跟着跑，跑到后面才发力，因为他们知道，领跑的选手往往不能笑到最后。

这时，观众的注意力都集中在几个世界纪录的创造者身上，他们认为那个黑小伙跑不了多久就会慢下来，就会落到后面去。

然而，完全出乎观众的意料，阿贝贝并没有被其他选手超越，在跑了40公里之后，阿贝贝不但没有慢下来，反而开始加速了，很快就把其他选手远远地甩在了后面。当他冲到终点时，观众沸腾了：阿贝贝竟然以2小时15分16秒2的成绩刷新了世界纪录，这个成绩把奥运会的成绩提高了将近8分钟！

阿贝贝由此成为非洲历史上第一个代表自己的祖国获得奥运会冠军的人。奥运会的历史上，第一次奏响了埃塞俄比亚的国歌。

有记者采访阿贝贝，问他为什么第一次参加奥运会时就表现得如此出色。阿贝贝笑了笑，回答说："因为跟那些大名鼎鼎的世界纪录创造者相比，我没有任何压力，既然大家对我没什么期望，我就可以轻轻松松地上阵，跑出自己最好的水平来。"

记者接着说："那请问一下，你为什么要光着脚参加比赛呢？"

阿贝贝说："我知道大家对这个都比较好奇，我不穿鞋，当然不是因为我的祖国穷得连为运动员买双鞋的钱都没有，而是因为在心理上，我并没有把这次马拉松跑步当成比赛，而是把它当成跟平时的训练一样——在军队里，教官对我们的跑步训练方式，就是让我们在海拔将近2000米的高山上，赤着双脚在岩石和粗糙的地上奔跑。在这次奥运会上，我的跑步方式和心态跟平时一样，所以我根本不去管其他的选手有多厉害呢！"

许多默默无闻的人之所以能够脱颖而出、一举成名，往往源于他们的平常心，什么也不害怕，当然也就没有什么心理压力；而那些曾经获得很高荣誉的人，有时在关键时刻反而会表现得很差，往往就是因为他们的思想包袱太重，总担心保不住以前的荣耀，结果越是紧张、越是忧虑，水平就越发挥不出来。

“光脚的不怕穿鞋的”，没有经验，没有资历，很多时候，这未尝不是一种优势。

一只脚趾的奇迹

●程刚

他出生在爱尔兰，但命运之神似乎对他不公平。一生下来，他就患上了瘫痪症，一生不能走路，不会说话，头部、身体、双手和右脚都不能动弹。耳聪目明能思考，但自己的想法却无法传达给别人，他痛苦无比。

一天，他看见小伙伴们尽情地奔跑玩耍，而自己动都不能动，情绪低落放声哭了起来。母亲陪在他身边安慰着他。这时，一只小小的七星甲虫爬到了天棚上，母亲看见了，笑着对他说：“孩子，你快看，小小甲虫虽然不能奔跑，但却会永不停息地爬行，所以，它能到达任何一个地方。你虽然不能走，但你的思想却会不停地走！你的左脚却会不停地动啊！”

他的精神为之一振，突然感觉有一股自信布满全身，他暗暗鼓励自己，要好好地活着，是的，我无法奔跑，但我的思维、我的左脚却永不会停息。他让母亲把“不能奔跑那就永不停息”这句话贴在墙上，随时随地鼓励自己。

5岁那年的一天，妹妹正用粉笔写字，看着妹妹手中的笔写出了文字，他突发奇想，伸出左脚示意妹妹将粉笔放在脚趾中。可妹妹却笑了，对他说："脚是不能写字的。"可他坚持，妹妹只好将粉笔夹在他的脚趾上，然后他在墙上勾画起来……

一年后，他学会了写26个英文字母，与妹妹一同读书认字，由于自己身体不方便，学得有些慢，可他不服输，也不怕失败，他坚信永不停息地走和快速奔跑一样，都能到达目的地。他坚持每天背记10个单词，每天读5篇文章，雷打不动，风雨无阻，7岁的时候，他记住的单词已远远超过了妹妹，学会了用左脚绘画，并开始写作文和写诗，他渐渐发现，自己很喜欢文学。

9岁那年，他靠着用左脚为别人挑腐烂水果，挣来了人生的第一笔钱。他用这些钱让母亲买来打字机，决定靠文学来养活自己。他把打字机放在地上，用左脚打字、上纸、下纸和整理稿纸……每打一张不知要消耗多少精力和时间，然后让母亲把一篇篇稿件投入各家报刊杂志社，可整整十年，他投出的稿件都是石沉大海没有音讯。这期间，他无数次想放弃，可每当他看到母亲贴在他墙上的那句：不能奔跑那就永不停息。他便重新燃起希望。

21岁那年，他迎来了生命中的转机，一家出版社相中了他的第一部自传体小说《我的左脚》，并印刷出版，首印10万册很快销售一空，他的故事也激励了无数身体有残缺的人。可此后，他的创作又陷入低谷，但他始终咬牙坚持着。16年后又出版了另一部小说《生不逢时》，成为国际畅销书，15个国家出版了他的著作，他成为了世界级的励志典范。

此后，他又以惊人的毅力创作了 3 部长篇小说和 3 本诗集，这些都是用一个左脚趾打成的。他用一只脚铸就了人生的辉煌。

他叫克里斯蒂·布朗，是一位深受爱尔兰人民爱戴的作家。49 岁去世，整个爱尔兰为他举行了哀悼活动。爱尔兰总统说："布朗走了，但是他留给爱尔兰和世界人民的宝贵财富永远不会消失，将永远激励着我们。" 而他的那句"不能奔跑那就永不停息"的励志名言，也激励了无数人。他告诉我们，或许你的人生不曾有恣意奔跑的感受，但永不停息也可以体验到达终点的快感。

无俗心

●许冬林

俗心人人有。俗心时时灭。

少年时看《真假美猴王》，当时只觉精彩，多年后咀嚼，嚼出了深味。真悟空和假悟空，从观音菩萨到天宫玉帝到地府阎王，谁都分不清真假，最后，还是如来佛祖，一语道破天机。佛祖跟悟空说，他乃六耳猕猴，和你同根同源。

他因悟空心生恶念而生，心生善念而灭。

其实，悟空还是只有一个。真的和假的不过是一体的两面，是人心善恶的两种呈现。而所谓“恶念”，有时，大概也就是一分俗心吧。计较得失，心怀怨愤，难持真心恒久心，都是俗心了。真悟空打死假悟空，原就是一个圣徒终于舍弃了俗心深重的那个自己，从此怀揣佛心，轻装上路。

萧红的文字一直不喜欢。每每勉强自己去翻，总是半途折返，觉得啰嗦，也欠缺劲道。有一天，偶读到一节文字，写她和祖父在菜园里的情景，蓦然惊讶称奇。“花开了，就像花睡醒了似的。鸟飞了，就像鸟上天了似的。虫子叫了，就像虫子在说话似的。”“倭瓜愿意爬上架就爬上架，愿意爬上房就爬上房。黄瓜愿意开一个谎花，就开一个谎花，愿意结一个黄瓜，就结一个黄瓜。”这些大巧似拙的句子，像写在莲叶上的诗。人间多少物事老了旧了破了脏了，只有她，还抱一颗纯洁自由的童心，无邪无畏，不老在褶皱满布的岁月里。生活那么艰难，情路那么坎坷，她在写作时都一一将之略去。她打碎了自己，化作金阶玉砌前的离离蔓草，化作瓦砾，化作细藤……那么普通，那么真实，那么风情摇曳。写作面前，她空灵澄澈，她了无俗心。

记得看过一张奥黛丽·赫本中年时的照片，那时她已隐退，回归家庭和婚姻。照片里，她坐在乡村花园里的长木椅上，葱郁的树荫下，一个人静坐。素色的衣裙，素静的光阴，素洁的心。灯光，掌声，万人追捧的荣耀都一一远去。她自愿舍去。俗心远去，她过着露珠般晶莹而恬静的日子。总觉得那照片里有微微的风经过，有轻轻的虫鸣唱起……树林背后，一定有农人荷锄回家，炊烟升起。俗心远去，一滴水回到大海里。回归渺小，成就永恒。

懂得把岁月过成减法的人，是大智大雅的人。对于女人，到了该放下的年龄，就该懂得放手收心了：淡如秋水，悠然来去，闲看得失。这时候，若还风尘仆仆，还背负着一颗俗心在争，争名，争利，争心里不服的那口气，着实面目可憎。

红尘俗人，走向无俗心，其实就是将人生不断提纯。在苦难和荣光里，剔除虚荣，剔除痴妄，剔除浮躁，剔除心灵的杂质。

如同一种古老金属，在火与锤的作用下，剔除铱，剔除铜，剔除银……做天平托盘上一粒真正的千足金。剔除俗心贪欲，剔除卑怯苟且，做一个坚毅又安详的人。就像昂山素季，缅甸反对派领袖，2012 年赴挪威去补领她在 1991 年获得的诺贝尔和平奖。

在《南方人物周刊》的封面上，看见她被誉为“最美亚洲女人”，内心摇摇一震。一个 66 岁的女人，头戴两朵黄玫瑰，微微露齿而笑，双眸清澈如水。我猜想，这个女人的内心，一定深远辽阔，又宁静嵯峨，如月夜里的远山和平原。她曾经面对缅甸军政府士兵的来复枪，依然不惧上前，领导缅甸的民主运动。她曾经被军政府软禁二十多年，在仰光大学道 54 号一栋两层白色小楼里。她是个佛教徒，在漫长的被软禁岁月里，开始修行。在修行中强化自己的信念：坚持正确的事情。为这件不寻常的正确事情，她牺牲了与家人的团聚，失去了见丈夫最后一面的机会。她的内心，有遗憾有悲伤，但是，她都放下了。小我放下，去做一个大我，坚持留在自己的祖国，坚持等到了民主的阳光从门缝射进来的一天。

二十多年的软禁岁月，再次出来，面对民众，她依然美丽、优雅、坚毅而充满智慧，依然能带给人信心和希望。

最美的女人，是无俗心的女人。身处浮华颠簸的娑婆红尘，她不怕，内心，已自建起一个琉璃世界。

不经历风雨，怎么知道阳光的灿烂明媚

●钮勤章

一个小女孩因贪玩失去了双臂。我看到过许多残疾人选择轻生，选择沉沦，选择堕落，她无疑是最特殊的一个。从小时候起，她就明白了自己的事情得自己做，她的父母通常不帮助她。在世人异样的目光中，她学会了承受；在飞来横祸面前，她懂得了坚强。这顽强的小女孩健康长大了，她成了电影《隐形的翅膀》的女主角。试问，世界上还有什么困难，能难得倒一个这样的人呢？记住，阳光总在风雨后，让我们也为自己插上一双隐形的翅膀吧！

人生天地间，不管你有何种生活追求，又或是有何种人生信仰；不管你是志向远大，还是淡泊名利，或多或少都会经历些磨难，遇到些挫折。就好比大树总会经历风雨一样。人乃万物之灵，对待困难和挫折的方式自然不会像大树一样任由风雨蹂躏、践踏。面对磨难和挫折，智者机智应对，强者勇敢面对，只有弱者才会选择逃避。当智者用自己的智慧破解横亘在面前的难题时，会变得更加聪慧；当强者凭借自己的勇敢和不懈的努力战胜

困难时，会变得更加强大。而那些选择逃避的弱者，处处逃避问题，致使问题越积越多，压力越来越大，终究有一天会不堪重负而砰然倒下，被时代淘汰。与其说风雨洗礼是一场灾难，还不如说是一场磨砺，太阳会被磨得锃光瓦亮。

《阳光总在风雨后》是许美静演唱的一首很柔和的歌曲，可是柔中带刚，柔里藏着骨力，这首歌后来成为中国女排的队歌，也因为女排队员的演唱而风靡一时。时光荏苒，新歌也层出不穷，可这首歌曲依旧深深地刻录在我的灵魂里，一旦旋律响起，内心就会涌动着一种不可名状的向上的力量。

经历过风雨，才能有美丽的彩虹；

雨后的世界特别的清新与美丽。

黎明前，是最黑暗的；

阳光前，是有风雨的；

不经历风雨，怎么知道阳光的灿烂明媚？

第二辑

让内心强大一点，莫让恐惧占上风

别忘了，你有3块骨头

●孙道荣

人的身体，是由206根骨头组成的，每一根骨头，都不可或缺，但在我看来，最重要的骨头，有3块。

一块骨头，就是你的脊梁骨，也就是脊椎。脊椎其实是由33根骨头组成的，它包括7根颈椎骨，12根胸椎骨，5根腰椎骨及9根骶骨、尾骨。它们组合成一个整体，上托颅骨，下联髋骨，中附肋骨，并作为胸廓、腹腔和盆腔的大后方，支撑起一个人的基本架构。这块骨头出了问题，轻则半身不遂，重则丧人性命，可见其重要性。

很多动物，也都有脊梁骨，为什么对人来讲，脊梁骨的意义尤其突出呢？因为只有人类的脊梁骨，使人站立了起来，摆脱了爬行的宿命。人皆有脊梁骨，但不是所有的人，脊梁骨总是挺立的，笔直的，有尊严的，桀骜不驯的。有的人，习惯趋炎附势，总是低头哈腰，他的脊梁骨就是弯曲的；有的人，拜倒在权贵、利诱或美色面前，匍匐在地，诚惶诚恐，丧失了自己独立的人格，他的脊梁骨则与其他爬行动物无异。

正直的人，他的脊梁骨像山一样巍峨，成为一个榜样，我们看到他的背影，就会敬仰而振奋；而一个总是被人在背后指着脊梁骨骂的人，必然遗臭万年，他的骨头没有任何钙质，连一条有志气的狗，也懒得一闻。

脊梁骨不但关乎生命，更关乎尊严。因此，人只要一息尚存，这块骨头，就不应弯下，不可扭曲，不被任何势力左右。

另一块重要的骨头，则是你的头盖骨。这是处于我们体内最高的一块骨头，是由29根颅骨、2根顶骨、1根枕骨、1跟蝶骨和1根筛骨组成。它们像一个半握的拳头，呵护着我们的头颅。头盖骨顶天立地，如保护伞，如屋之顶，如苍之穹，所以有时候，我们更愿意亲切地唤它“天灵骨”。

因为有了头盖骨，我们的大脑才能免受伤害，远离侵扰，可以自由地思想，无羁地驰骋，放飞我们的灵魂。

一个人，真正的灭顶之灾，不是身体受到了伤害，也不是生命遭到了威胁，而是被剥夺了自由的思想和意志。头盖骨所保护的，是比我们的生命更重要的东西——大脑和思想。因此，我们可以这么说，是头盖骨捍卫了我们的智慧、思想和尊严。热血可洒，头颅可抛，生命可以舍弃，苍穹之下的意志，却不可磨灭。

在我们的体内，还有一块重要的骨头，那就是脚趾骨。这块由7根跗骨、5根跖骨和14根趾骨共同组成的骨头，因为琐碎而低贱，很容易被我们忽视。但我们迈出的每一步，都是由它来完成的，如果没有它，我们就无法行万里路，永远不能抵达远方。

脚趾骨承受了我们全身的重量，也承载了我们全部的梦想。任何时候，心神往的地方，脚趾骨都会毫不犹豫地迈步向前，它时刻准备着，向前，再向前，从不畏缩。这个世界，之所以有很多地方，我们的脚步还未能抵达，那不是因为你的脚步不肯前往，而是你的心，没有行动。

我用手指在电脑键盘上敲下这些文字，意欲说明在我们的体内，有非常重要的3块骨头，我的由8根腕骨、5根掌骨和14根指骨完美地组合而成的手骨，优雅地完成了我的指令，对此却没有丝毫意见和抵触，因为它明白我真正想要表达的意思，那就是，事实上，我们体内的206根骨头，每一根骨头都非常完美、无比重要，是它们，使人之为人。

故而，骨头都有一个共同的特质，那就是骨气。

对手更紧张

●周海亮

记得小时候，有一位远房亲戚，常给我讲他打猎的趣事。在他所有的经历中，最让我感兴趣的，就是他和狼的狭路相逢。

你不必怕它。远房亲戚说，它远比你紧张。你的目光要迎上去，狠狠盯着它，千万不要躲闪。不要让狼从你的眼神里看出一丝惊慌。这样对视一会儿，狼就会逃走。

这是他真实的经历。就是说，当与狼相遇，无论你有多害怕，只要挺住，只要别让狼看出你的紧张，那么，最终胜利的，就会是你。

因为狼也紧张，比你更紧张，这是肯定的。远房亲戚说。

前几天，一位朋友参加市里文化馆举办的象棋大赛，竟然一路披荆斩棘，杀进决赛。决赛时，面对近在咫尺的冠军，朋友突然间丢掉了预赛和半决赛的从容，紧张得汗流满面。

那天我一直在旁边看着他的决战。他的那盘棋，下得昏招百出。

但很意外，最后，他获得了冠军。

事后他告诉我，中间有好几次，他都想推枰认输。后来他抬头看了看对手，他从对手的眼睛里看出了更多的惊慌和不安。于是他知道，对手其实更紧张。

于是他坚持下来，并在崩溃前的最后一刻，赢下了这盘棋。

就这么简单。

当你面临困境，精神几近崩溃，当你认为自己马上就要倒下或者逃走，其实这时候你的对手，也好不到哪里去。

说不定，他比你更紧张。

那么，再多坚持一会儿，倒下或逃走的，可能就会是他。

推荐信在风中飘

● 陈志宏

许是在江西卫视工作过几年之故，总有些学生要我推荐他们去广电系统去实习。学生大都来自乡村，让他们大海捞针般在省城找实习单位，很难，可能性很小。

俗话说，人走茶凉。离开电视台时间越长，越难介绍学生进去实习，更莫提扶正成那里的员工。我曾拼尽全力，介绍了几个早几届弟子上平台，现在大都混得比我这个教书匠好。正是有这几个优秀弟子在先，才有源源不断的后继者，才有那封散发着迷迭草般的清香的“推荐信”。尽管那只是在风中飘荡的虚无的信，却真切地改变了一位学子的人生际遇。

最初得益于一次和台里老同事喝酒。席间，同事无意间说起上海某传播公司进驻南昌，欲整合一家县级广播站，打造成覆盖全市的时尚娱乐频道。我问他和上海方面的人员有没有接触。他说没有。仅此而已。时隔不久，娜同学向我打听：“陈老师，能不能帮我找个实习单位，电台电视台都行。”

娜同学是新闻专业大三学生，专业成绩和能力都很不错，普通话也过了一级乙等，相当不错。我很看好她。想到跳槽到某大型国企电视台上班的前同事王记者，便介绍她过去试试。企业台的要求应该不会很高的，依她的能力，锻炼一段时间，胜任工作应该没什么问题。

几天后，娜同学对我说："陈老师，那家企业电视台不要实习生，他们的条件是本科，我连报名的资格都没有！唉——"爱莫能助，一时无语。突然想起那家电台来。我对她说："上海一家文化传播公司来南昌整合一家电台，正在招播音员呢。他们公司在省城最高档的写字楼 ×× 广场办公。你去试试吧，祝你好运。"

可能是依赖惯了，她说："老师，你和他们熟悉吧，帮我打个电话，好吗？"问题是我对他们一点也不熟啊。面对无助的她，我撒了个谎，说："这回你不是去实习，而是去上班，打个电话显得份量太轻了，我要替你写封推荐信。你先按照他们的要求去投简历吧。"话一出口，心有点虚，脸隐隐地有些烫，从来不善撒谎，更何况面对自己的学生。

结局我能预料到，那边不招大专生，只要本科。果不其然，第二天，娜同学给我打来电话说："老师，我在网上查到了那家电台招人的信息，上海那边也是要求本科学历，网上投过去的简历被打回来了。怎么办呀——"心想，还能怎么办？凉拌！可是，话一出口，仍然满是安慰和鼓励："你到他们公司去，当面投送简历。你就说是陈老师介绍来的，和他们唐总打过招呼。"

还好，那次吃饭我记住了上海方面的老总姓唐，要不然，这个谎还不知道怎么去圆呢。

也不知道娜同学是到底怎么搞定人家的，她再打电话来时，已在排队等候面试呢。她说：“陈老师，我正在等候面试，好紧张啊。你帮我再跟唐总打个电话吧！”我说：“你不要紧张，依你的能力，好好表现，一定能通过面试的。再说我那封推荐信还是起作用的，对不？”她笑了，笑声里能闻到紧张气息。

她能到这一步，我就不担心了。当时，最担心的是她的简历被拒收，那样就没有一点希望。依她的能力水平，我看就算在本科生堆里，也能脱颖而出。

之后不久，偶翻本城都市报，看到上海那家传播公司发的整版广告，隆重推出六名主持人，娜同学的玉照也在其中。她的介绍词是——深厚的新闻专业背景，其他个个都主打“本科毕业”。她凭借能力致胜！

一晃这事过去了好几年，如今，娜同学已是这家电台骨干播音员。一次约她回母校给师弟师妹讲课，她说起自己的故事，提及我的那封“推荐信”。我才知道这出戏的“幕后花絮”。

她说：“后来，从我们总监那里才知道，老师压根没有写那样一封推荐信。可正是这封信，给了我无畏的勇气，改变了我的人生方向……今天，我想告诉师弟师妹的是，闯荡职场，咱们要有无畏的精神，执着的勇气。只要我们坚定地朝前走，一定会领略到沿途最美的风景，收获旅程终点的怡人景致。”

坐在教室后面，我带头为她鼓掌，为她的初生牛犊不怕虎的勇气，为她的成功！

是的，这是一封并不存在的推荐信，在虚无的风中飘荡，飘呀飘，落在娜同学的心里，是满满的自信，成功的暗示。我相信，成功的暗示会带给你成功，快乐的暗示会带给你快乐。所有的积极暗示，会驱逐生活的冷暗和人生的阴霾。从此，走上一条布满亮光、充满芬芳的道路，有时，它就是纯天然的“绿色通道”。路的尽头，成功和快乐伸出双手，笑盈盈地迎接我们！

人生多少路，关键就几步。关键时刻，就像那封“飘在风中的推荐信”一样，虽不存在，但那种暗示所蕴含的力量，会让人鼓起自信的风帆，护送我们顺利地抵达成功的彼岸。情绪低迷的时候，身陷绝境之中，渴盼成功之人，不妨给自己写这么一封“推荐信”，它会带给我们实实在在的力量，收获意外的惊喜，受益无穷。

光明来自内心

● ［美］马克·马托塞克　庞启帆　编译

时间是中午，格林威治的一座乡村寓所里，摄影师约翰·达格代尔正在给我拍照。他歪着头，身体向前微倾，一丝不苟地捕捉我侧面的影像。我坐在离他约三英尺远的地方。

这座乡村寓所属于约翰·达格代尔，寓所的每个房间都挂满了约翰·达格代尔的摄影作品。

而你绝对无法相信，这些令人赞叹的照片是由几乎完全失明的约翰·达格代尔拍摄的。

约翰得过五次几乎致命的肺炎、弓形体病（脑感染）、周边神经病、卡波西氏肉瘤和 CMV 视网膜炎。10 年前，CMV 视网膜炎夺去了他的大部分视力。医生与同行一致宣判他的摄影生涯结束了。

但这并没有把约翰击倒。他发誓要成为世界上第一位盲人摄影家。

然而，约翰信仰的飞跃远非易事。那是一个下午，在纽约州北部的一个农场，他在失去视力后第一次拿起相机。

“当时我站在牧场外，试图拍摄一张照片。我借用一个放大镜，奋力调整焦距。”约翰告诉我，“但我不停地绊倒了三脚架，并且每次我就要准备好的时候，光影就发生了变化。我不得不重新再来。这让我感到从未有过的沮丧、伤心和失望。”

太阳下山的时候，约翰跌坐在草地上，脸埋进草丛里，开始轻声哭泣。草屑、泥土沾满了他的嘴巴、眼睛，那一刻他真想就地挖一个坑把自己埋了算了。

约翰的朋友目睹了这一切。他把约翰抱进屋里，把他放在沙发上，像对待一个孩子一样把他揽进他的臂弯，然后说：“好吧，继续，放声哭吧。”约翰靠在朋友的肩膀上，嚎啕大哭起来。最后，哭干了眼泪的约翰叫朋友帮他拿来一部相机。拿到相机后，约翰重新靠在朋友身上，然后猛地按下快门。这张照片创造了一种意想不到的美，就像那幅著名的《圣母怀抱殉难耶稣之忧伤图》，约翰把它起名为《人类起源》。

这张震撼人心的照片完全不同于约翰以前的作品的风格，但它成为了约翰不久后举办的个人摄影展的焦点，使他从业余摄影师的身份迅速跻身世界级艺术家的行列。从那时候起，他独特的氰版照相法使他赢得了与维多利亚时代的摄影大师朱莉娅·玛格丽特·卡梅伦夫人相等的声誉，并且接到了世界各地的收藏家和博物馆的邀请。迄今为止，约翰·达格代尔已经举办了 38 次国际性的个人摄影展。但他笑称：“我最好的作品还没有诞生。”

在黑暗中追求美的瞬间，在混沌中创造艺术的盛宴，使得这个出色的男人获得了恢复心灵健康的回程车票。“生活就是学会接受某些难以接受的事情，然后使它最终变成对你有意义的事情。”约翰说，“如果你一味地逃避它，它只会毁了你。如果你不断纠缠于为什么会这样，你就会完全迷失自己，你的一生将不会再拥有美好的时光。”

一旦我们不再恐惧，而是能正视我们的磨难，改变的机会就会降临我们的身上。“这就像核能，如果使用得当，就能造福人类。”约翰说，“磨难也一样。它是我们人生经历的一场大火，你要么冶炼成金，要么化为灰烬。”

我是一名记者，约翰是一名独特的摄影大师，在开始我们的访谈之前，应我的要求，约翰给我拍了一组照片。所以，就有了文章开头的那一幕。

毫无疑问，今天的约翰·达格代尔在思想方面已经得到了极大的升华，这种升华比他的视力更加珍贵。在采访即将结束的时候，约翰对我说了这段话：“光明来自内心。眼光和视力是两码事。有时候我想，如果上帝突然从天而降，对我说可以恢复我的视力，但我必须忘掉我已经领悟的一切，那我宁愿放弃我的视力。”

我被深深地震撼了。我想，我永远也不会忘记这段话。

点亮生命的蜡烛

• 李静

从折断脖子、4 次心脏和脉搏骤停、感染病菌和肺炎到罹患癌症，他曾 8 次与死神擦肩而过，而他一次次扬起生命的风帆，在波涛汹涌的人生海洋中奋勇前进，用光明的内心谱写了一曲曲生命的奇迹之歌。

1988 年，他出生在英国剑桥郡一个幸福的家庭。有着无忧无虑童年的他，读书、毕业、工作，一切顺风顺水。就在他以为自己的人生将要按照这个轨迹顺利发展下去时，一场猝不及防的意外改变了一切。

那天，他和朋友们到海边潜水。几年来，他们每到夏天都会进行这项运动，也一直在寻找水势更深的大海。这个地方让他们异常兴奋，所有人都觉得已经找到了梦想中的深海。可面对一望无际的大海，他们又开始退缩，谁也不愿最先跳下去。

僵持中，朋友们怂恿他，说他要是敢先跳就是勇士。他心里也很忐忑，但又不想丢面子，索性鼓起勇气，直接从码头上跳了下去。朋友们为他的勇敢欢呼，可他们的判断是错的，那处水深仅 0.9 米。他猛地向下一跳竟狠狠地撞在了岩石上，脖子折断，顿时失去了知觉。

欢呼声戛然而止，朋友们手忙脚乱地将他拖到岸边后马上叫了急救车。短短 30 分钟内，他的心脏和脉搏骤停 4 次，生命危在旦夕。经医护人员现场抢救，他的情况才慢慢稳定。送到医院后，医生诊断他第五节脊椎骨粉碎性骨折，致使肺部积水，继而引发心脏病。医生为他做了脊柱手术，虽然很成功，可他一直处于昏迷状态。

他一直昏迷了 5 个星期，父母以为他会成为植物人时，他竟恢复了意识。当他睁开眼睛时，原本那个色彩斑斓的世界变成了只有黑和白两种颜色。他无法接受这残酷的改变，想去述说自己心中的苦闷，可他只是嘴唇翕动，半天也没吐出一个字。除了可以眨眼睛和吐舌头外，他的身体已不再受他自由支配。这些还不是他病痛的全部，在治疗时，他又感染了金黄色葡萄球菌和肺炎。医生说他的状况非常糟糕，即使挺过这一关，也可能要一辈子坐在轮椅上，而且无法再用语言和家人交流了。他不相信自己的生命将从此失去阳光，他要让自己重返原来的生活。

为了这个目标，他从未让自己沉沦。每天醒来时都会告诉自己只要不放弃，也许明天就会出现奇迹。那段日子，他积极配合治疗，尽全力进行康复训练。随着日复一日的努力，他的身体慢慢有了知觉，语言障碍也在逐渐恢复。

五个月后，奇迹终于出现了。他依靠自己的力量站了起来，用行动否定了医生断言他会终生瘫痪的说法。他迈出了成功的第一步，那一刻仿若一缕阳光，穿透生命的罅隙，让他看到了光明的未来。

出院后，他被转入疗养院进行康复治疗，没过多久，他已经可以走几步路了。他兴奋不已，觉得自己的人生又明媚起来，可又被查出患有癌症。生命中短暂的光芒瞬间暗淡了下去，他也开始怀疑自己曾经的坚持。

他放弃了所有治疗回家休养，整天躺在床上望着天花板发呆。一天晚上，父亲正在给他读报纸。突然，四周漆黑一片。父亲拿来一根蜡烛，却没有点燃。他诧异地望着父亲，可父亲只是把蜡烛在烛台上放好，又把报纸折叠起来，就离开了他的房间。

那一夜，他辗转难眠，当晨曦的一缕光亮透过窗帘缝隙照进房间时，他突然明白父亲是在告诉他，如果自己不主动点亮心中的蜡烛，那就会永远生活在黑暗的世界里。他重回医院，接受了手术，他的癌细胞被彻底地清除了。

被病痛整整折磨了两年，25 岁的他曾八次与死神擦肩而过，幸运的是每一次他都没有放弃。康复后，他再一次来到当年遇险的地方。他不是来潜水的，也不是来追忆过往的，而是作为一名业余铁人三项赛的选手，在这个厄运开始的地方举办一场个人铁人三项赛，以此来帮助脊柱损伤和癌症患者筹集善款。

他，就是马修·霍克斯利，正在享受着自己的第九次生命，并认为自己是全英国最幸运的人。

有人问他是如何面对这场命运风暴的？霍克斯利淡然地说：

“只要点亮生命的蜡烛，我的未来就会明媚如初。所以，我相信我会好起来，我不能让自己倒下，必须爬起来，继续前进。”

点亮生命的蜡烛，只要不向命运低头，以达观的心态面对人生中的黑暗，就能战胜一切。往往，心中拥有阳光，生命就会处处充满光芒。

我没有草原，但我有过一匹马

●凉月满天

这是一个作家的文章题目。文章内容没读过，我只见过这个人。

一个盲人。

河北省第一届散文大赛，他获一等奖，就是凭的这篇文章。一个七尺高的汉子，被搀扶着，摸索着上台发言，大家都看得见，就他看不见。患疾失明时，大学毕业还不到一年，如今看样貌已经四十岁。本来觉得自己三十岁失声够惨，和他一比，我觉得可以跳一段舞表达被命运眷顾的幸运。

他在台上讲挣脱与突围，讲命运与苦难。这个我明白，每个人的生命都有禁制：疾患是禁制，病苦是禁制，工作是禁制，家庭是禁制，连爱情都是禁制。史铁生对一群盲童说：“残疾无非是一种局限。“你们想看而不能看。我呢，想走却不能走。那么健全人呢，他们想飞但不能飞。”

一个朋友如今正处于要命的两难阶段，想换工作，又舍不得现有的待遇；不换工作，又忍受不了缓慢、沉闷的气氛。他很憔悴。他急需突围。

每个人都急需突围。

读一篇小说，一个年轻人自幼失明，隐居山谷，一日突逢变故，被迫出山，以一个目盲之人的尴尬，面对种种大千世界。他的师父亡故之前，对他反复叮嘱，说你不要出山，一定不要出山，山外的世界太纷乱。可是他毕竟出了山，见识了情天恨海，见识了肝胆相照，见识了国仇家恨，到最后，竟然又由于偶然机缘，见识了大千世界——他复明了。原来天是这样的，地是这样的，花、草、树、鸟、沙是这样的，爱人，原来你是这样的。

那一刻，他的心里鼓涨的，是对生命的满满的爱与感恩。

而那一刻后，他却被告知，他的目疾原本不过小事一桩，他的师父不知出于什么原因不肯替他根治。他先是怔住，后来明白，师父想让他目盲隐居，躲开世间一切。就像黛玉自幼多病，和尚化她出家，父母自然不肯，和尚便叮嘱不可让她见外人，不可听见哭声，方可平安了此一生。可她毕竟仍是见了宝玉，仍是一生悲啼，于是青春夭逝，花落萎地。

可是，若是让她选，她选哪一个？

若是让你选，你又怎么选？

小说里这个青年，即面临同样的选择：是选择复明，然后游走世间，百愁千恨俱尝遍，还是仍旧保持失明，回到山谷，过平平淡淡的一天天？如果他选复明，还得要经过万针攒身的疼痛试炼。可是他却仍旧选择把身上扎满针，像个刺猬，在疼痛苦楚中，迎接太阳喷薄而出的黎明。

你看，挣脱的不是禁制，是命运；突围的不是命运，是自身。

而这篇文章的作者，却是连这样的选择也不能有。他被妻子扶着，走在参观酒厂的路上，别人看得见的路，他看不见；别人看得见的水，他看不见；别人看得见的菜色丰盛，他看不见；别人看得见的笔走游龙，他看不见；别人看得见的酒罐、酒缸、酒坛、酒瓮，他看不见。

可是他却说：我在我的生命中，发现了我的真理，这个真理只有一个字——爱。周围许许多多的人，眼目明亮，人声喧嚷，歌笑鼎沸，透过面皮可以看得见许多叫嚣的欲念，却独独于这个失去光影世界的人那里，我听到了这个字，纯净如水晶。

爱世界，爱他人，爱自己，爱命运。他凭借目盲，竟然超越心灵的最大局限。

那么，假如说，局限是自己给自己设置的呢？

假如你这样想：也许你的身体赞同完整，赞同健全，你的心智赞同完美，但是，你的心灵却渴望能够在一种不完整、不健全、不完美的境地中体验一下自己究竟会有多强大，能够走多远，于是，你的灵魂导演了这样一出出的好戏，囚禁你的身体，试炼你的心智，从而逼迫你的潜能，引导你走向最后的真理——我们不是命运的被动承受者，而是命运的创造者。我们创造了不完美，来证明我们的完美。假如这样想，你会不会好受些？

那么，每个面对苦难，陷身局限的人，都是勇敢的人，都有狮子的勇气。即使没有草原，也有自己的马，鞍辔加身，长声嘶鸣，骑上它，闯天涯，天涯尽头开满花，每个花心里都端坐着一尊佛。

这位作家说他请过许多的书法家，为他写过相同内容的八个字：目中无人，心中有佛。佛是什么？佛，就是世间最大、最明亮、最包容、最无私无欲、无怨无悔的爱啊。

穿过骨头抚摸你

●老玉米

所有对家的描述中，炊烟是最能抓住人心的。每次回家，都会离老远的地方就开始望自己家的烟囱，如果烟囱里冒着丝丝袅袅的炊烟，心顿时就暖了许多，如果没有炊烟冒出，心就会凉了半截，再近些的时候，如果屋子里的灯没有亮，一颗心就整个地掉进冰窟窿里去了。委屈地蹲在门口，像黑暗中等待火把的孩子，直到母亲回来了，家就温暖了。我们屁颠屁颠地围着母亲，不停地走动。破败的屋子里，仿佛每一个角落，都能蹿出腾腾的火苗子来。

我们是如此依赖着那种温暖。每一年，每一月，每一天，哪怕不在母亲身边，也要通过电话，向那边烤烤火。

我们如此幸福，被那层温暖紧紧地护着。却不知道，一团惊悸的冷风突然来袭，将我们的温暖撕扯得七零八落。母亲得了癌症，让我们慌乱。她的瘦弱让我们心疼不已。当白花花的霜露扣住秋的脑门，我迟迟不肯迈出门槛，迟迟不肯把寒冷的泪水用完。

现在，母亲依然会按时生火，按时做饭，生活没有一丝一毫的改变，好像生病的人不是她。她尽量不惊扰自己的生活，让它们依旧平静如初。尽量不让那些痛苦的涟漪撕扯她的幸福。可是母亲的手瘦了，母亲的眼神慌了。一切痛苦都一起向这个单薄的躯体压过来，母亲咬着牙，忍着一浪高过一浪的疼，和我们开着并不好笑的冷笑话，只为了不让我们那么难过。

母亲近在咫尺的时候，我们背着行囊去流浪，我们回来时，母亲却渐行渐远，生命开始了残酷的倒计时。

母亲早知道自己得的是绝症，坚决不肯做手术。她说她老了，多活一天少活一天没什么区别。可是我们不允许，母亲如若不在了，我们的灵魂将无处停靠。拗不过我们一再苦苦哀求，母亲同意了。但母亲有个要求，那就是让我亲自来给她做这个手术。

给自己的亲人做手术，这是医生的大忌。因为他们在给自己的亲人做手术时，很难做到情绪平稳，这样很容易导致手术失败。

母亲却执拗得很，她说除了她的儿子，她不相信任何人。没办法，医院最后做了妥协，破例允许了母亲的请求。要知道，在这之前，我一直是主刀助手，尽管对各种手术都能应付得来，但以主刀身份给病人做手术还是第一次。没想到，第一次接受我手术的，竟然是自己的母亲。

拿着手术刀的手，开始不自觉地抖，因为我生怕自己弄疼了母亲，忘记了她是打了麻药的。母亲的眼神里带着鼓励，温暖地看着我，示意我不要紧张。我拿捏着母亲的生命，而母亲，宁愿用自己的生命，换来对她儿子的一次鼓励。从小到大，母亲每时每刻都在鼓励我们，她对我们说的最多的一句话就是：你肯定行。母亲的这种教导方式使我们变得坚强，让我们的生命里多了一份韧性。

记得小时候，有一次母亲在割稻子的时候被镰刀割破了手臂，母亲回到家让我替她包扎，看到母亲鲜血如注的手臂，我顿时傻了眼，慌乱着不知所措。母亲温柔地看着我说，别怕，你肯定行的，来，替妈把伤口包上。我按照妈妈的指示，替妈妈清洗伤口，然后包扎，在妈妈的鼓励下，我包扎的动作竟然很像那么回事。妈妈打趣道，俺儿子日后没准会成为大医生呢！也就是从那时候起，我把医生看作是最伟大最神圣的职业，母亲的话也成了我日后报考医学院的源动力。

我开始变得镇静，手术刀娴熟地在母亲的身体里穿梭游走，我知道，那是我们的爱，正在穿过骨头，抚摸着母亲，就像母亲抚摸我们那样。

积满液体和苦痛的胸腔，是爱的城堡；一根根隐约可见的肋骨，是爱的森林。

慢慢地，母亲闭上眼睛，睡着了。而我则像一个纤夫，正在拼命地从死神手中，往回拉我的母亲。

母亲让我诞生，今天，在我的手术刀下，我要让母亲也重新诞生一次。

我行的，我肯定行！

小心难驶万年船

●西风

“小心驶得万年船。”

明明是好话，听上去却既胆怯又阴险，好比小脚老太着绣花鞋，一步走一步看。可是小心小心再小心，活得不累吗？头发不白吗？皱纹不深吗？

陈胜起义，朱元璋兴明，是小心思虑的结果吗？若再三思虑，小心再小心，恐怕到死一个为奴隶，一个要饭吃。

比尔·盖茨的帝国是小心思虑才结构出来的吗？若是他当年思虑再思虑，小心再小心，结果很可能是乖乖地大学毕业，再弄个大学教授当当——可是现在大学教授满地跑，全球首富可只有他一个。

还有那个张季鹰，做事实在够冲动，像个无牵无挂的老光棍。有人劝他：“卿乃可纵适一时，独不为身后名邪？”他回答：“使我身后有名，不如即时一杯酒！”结果想起家乡的莼菜跟鲈鱼，官位也不要了，挂冠归里去也。他原是齐王的官，不久以后齐王被杀，他却幸免，人说他有先见之明。哪里是有什么先见之明，反而是他沾了凡事不那么“小心”的光，想到哪里便做到哪里，即时一杯酒有了，身后名也齐活，两赚。

司马懿被诸葛亮耍，诸葛亮就吃准了他那“小心驶得万年船”的个性，所以才会在危急关头大摆龙门阵，一座空城哄得老家伙进不敢进，只好摆手退兵。

深入地想一想，所谓的行驶万年船的“小心”，不过是打着智慧旗号的恐惧，恐惧的背后却是一颗脆弱的玻璃心。害怕冒险，害怕前进，害怕失败，害怕失了声名，害怕降临不幸。因为害怕而退缩，如行冰面，步步担惊，好比满树的花开出去，没一朵是敢开错了的。

狼在草原上驰逐，既不在乎别人怎么看，也不害怕别人入侵——只要你敢；只有羊才会固守羊圈，屁股死抵着围栏，向往着外面的绿水青山，打死也不敢向前，还美其名曰“小心驶得万年船”，却忘了小心的结果未必是行船万年，很可能大铁船搁浅在小水湾；冒险的结果最坏也不过是失败，失败不过是证明此路不通，敬请绕行，总有一条路抵达成功，总好过一步也不敢迈，人生褪色成一张挂在墙上的老相片，江山寂静，岁月无声。

恐惧的负担甜蜜似糖，看穿了也不过是土做的薄墙，胆放大，推倒它，小心难驶万年船啊。

苦难有什么了不起

●瘦尽灯花

上学时，听老师讲说这个人经受了很多苦难，那个人经受了很多苦难，觉得这些人好可怜。如今却觉得，这种“经受了很多苦难”的说法，好粗暴。

我爷爷去世早，奶奶带着我八岁的父亲和六岁的叔叔过日子，踮着三寸金莲样的小脚操持家务，下地务农，给这个家里挣盐挣米。我买小人书的钱是奶奶用织的布换回来的，晚上奶奶和别的老婆婆们会下地窨子，就着昏暗的油灯嗡嗡地纺线，胳膊扬起来，扬起来，线也就从棉花条里吐出来，吐出来，渐渐缠满锭子，像个饱鼓鼓的桃子。满墙都是晃动的巨大的人影，说话的声音暗而柔和。不知什么时候我就靠在奶奶身上睡着了，再醒来的时候正一摇一晃地趴在小脚奶奶的背上往家走呢，天上星星一眨一眨的。于是我会说普天下所有小孩都会说的傻话，我说：“奶奶，等我大了我好好孝顺你，给你买槽子糕吃。”奶奶就笑，幸福地说：“好，好啊。”

后来，我读高中，奶奶的头发成灰白的了，穿着粗蓝布的大襟褂子，有了破洞的肩上衬着托肩。我看见别的老婆婆们一头银丝就会想，我奶奶要是也老到头发白完了，我大概也就能挣上钱了，就能给我奶奶买槽子糕了。高二的一天，我正在教室学习，村里来人接我回去，说奶奶病了。进村，看见门上的白对联，进门，看见爹和叔叔穿着大孝，听见里面一阵阵的嚎哭。然后我进屋，看见我深爱的奶奶躺在那里，蒙着白布蒙单——我奶奶的头发还没来得及白完呢。

——她也没有吃到我挣钱买的槽子糕。

我若写传，满有资格替她写下"她的人生历经苦难"，你看她孤身一人，拼尽全力才撑起一个贫穷的家庭，且又没有享到儿孙的福份。可是她和老婆婆们一起纺线的时候，说话聊天，开开心心地讲鬼故事，一起发出"喔？呜！啊！"的怪声音；大家一起凑钱"打平伙儿"买东西吃，她又把炒过的花生擀成细面儿，一点一点用小勺挖进没牙的嘴里，脸上挂着满足的笑。她喜欢采木耳，下细雨的时候，端个小碗，翻木头，把漾生出来的小黑木耳一朵一朵摘下来炒菜吃，她的脸上也是笑着的——东一朵西一朵，她的生活里到处开着她喜欢的花。她的日子过得无非苦一点，难一点，可是"苦难"这个词，有资格在她的人生里停伫吗？

这个世界上，外人看来正在经历悲惨人生的人很多很多，但是很少有谁肯承认说"我正在经历苦难"，他们只会说："好难啊。日子好难过。"或者说："日子太苦了。""苦难"这么严重的词落实在日常生活里，也不过就是柴米油盐、得不到与已失去，而这些又有什么稀罕的？

时光把庸常生涯消解，然后在它的土壤上种植出莫名的诗意。甚至是过往的柴米油盐，好像也散发着一种神性的光，过去的柴比如今的亮，过去的米比如今的香。

——我们总是在有意无意地神化或者妖化或者苦难化历史和历史中的一个一个曾经活生生的人。

而事实上，苦，哭一场就好了，难，熬过去就好了，有什么大不了的？股神巴菲特不苦吗？比尔·盖茨不难吗？这一刻是富翁，下一刻也许就破产。周星驰不苦不难吗？一个削尖脑袋奋斗大半生的，已经五十岁的，差不多已经笑不动的，没有妻、没有子、没有家的老光棍，一个叫柴静的记者采访他的时候，他反反复复地说："我运气不好。"曹雪芹不苦吗？老舍不难吗？杜甫不苦吗？路遥不难吗？李清照不苦吗？白居易不难吗？苏东坡不苦吗？王安石不难吗？可是，他们的笔下，谁又没有写过那些轻倩摇动的好时光？他们不是咬着牙齿忍受生活，而是真的在享受着沉重的生活缝隙中漏出来的一点点欢乐。杜甫不独会写"布衾多年冷似铁，娇儿恶卧踏里裂"，也会写"黄四娘家花满蹊，千朵万朵压枝低"；苏东坡不但会蹲大牢、下监狱，也会贬官去职后，还有闲心半夜起身，叫上朋友一起欣赏藻月中庭的一点竹影子："何夜无月？何处无竹柏？但少闲人如吾两人者耳。"

每个人都在活，每个人都曾有过漫长黑夜里的悲哀、无助，然而依旧咬牙坚持，灵魂脆弱而又坚韧。也许我们的日子过得有点苦，有点难，可是苦难是什么？又有什么了不起的？

挫折是一种养料

● 少恒

古语云："天降大任于斯人也，必先苦其心志、劳其筋骨、饿其体肤、空乏其身、增益其所不能。"想要点亮自己的人生必会经历一些挫折，就像一根火柴，想要点燃，必然要经过适度的摩擦。若想成为一个发光体，必须要忍受这种摩擦带来的疼痛。其实，挫折亦如美酒，在时光的打磨下，越酿越香甜，越酿越出众，到了一定时候，让人一掀开盖子，就会被其所"俘虏"。

几年前的一档综艺节目《爸爸去哪儿》，让张亮成为了女孩们心中理想的好老公、好爸爸模范代表。女孩们总说，嫁人就应该嫁张亮这样的，上得了秀场，下得了厨房，会疼自己的老婆孩子，就够了。

有人说张亮身上有着超强的吸引力，而这些吸引力的源泉正是那些昨日的历练，那些困难在时间的淬炼下变成了如罂粟花一般有着致命吸引力的"毒"，让人欲罢不能，为之倾倒。

15 岁之前，张亮还是一个花钱大手大脚的北京少爷。父亲开煤矿，收入颇丰，在上世纪九十年代，张亮每月就有三千多块钱的零花钱，比当时很多上班族的工资还要多。不过就像老一辈常常念叨的："没啥别没钱，有啥别有病"，事实证明就算有钱也不能有病，因为一旦有了病，钱就成了问题。后来，张亮的父亲重病住院，每天就要花费上千元的住院费，没出几年，家中的积蓄就被耗尽了。

家中落魄之后，就只能供他和姐姐中的一个继续上学。张亮想了想，觉得姐姐的学习成绩要比自己好太多了，于是就选择了主动退出。

辍学之后的张亮跑到厨师学校做起了料理。学成之后的第一年，到了一家酒店工作，包吃住，开始没有工资，转正之后第一个月的工资只有550元，拿着第一份薪水，张亮给家人买了好多东西，一下子就全花光了。第二个月的工资，张亮为自己买了一双耐克鞋。张亮原本以为自己就可以这样踏实干下去，可是没过多久，张亮所就职的酒店被收购了，全体员工都被解雇了。他到其他地方去应聘，老板刚开始嫌他年纪小，觉得他不够厨师的资历，都不愿用他，后来他用一盘菜征服了老板的胃，这才得以留下来。

张亮干了两年厨师，但是他觉得年纪轻轻就过机械化的生活十分无聊，他认为青春里总应该多一些其他什么别的东西，于是他辞职了。

辞职之后，张亮租了地下二层的一个小房间，开始寻找自己未来的方向。因为没有了工作收入，他的生活过得十分辛苦，最惨的时候手里只有七块钱，每天就只能吃着大饼跟榨菜。

后来，他跑到一家耐克店去应聘导购，经理看他身材好，穿衣服有型就录用了他。店铺的地址在公主坟，离张亮租住的地方很远，为了能够准时到岗，他必须每天五点半出门。在卖衣服的时候，张亮认识了很多朋友。他知道一些朋友都在兼职做模特，所以也跟着这些人学了不少东西。

一次，一个做模特的朋友一天内接了两个活儿排不开时间，就让张亮去代劳。虽然当时张亮并没有被选上，但是他给经纪人留下了一个很深的印象。一周之后，那位经纪人给他打去电话，让他参加另外一场面试，没想到这场面试直接改变了他的命运。他正式成为了兼职模特。当时做销售已经是一把好手的张亮，觉得模特赚的钱会更多，可以让身边的人过上更好的生活。于是他一狠心就花了 800 块钱报了一个模特培训班，一共上了 10 节课，学习模特专业知识以及仪态。在掌握了基础技能之后，张亮就辞去了原来的工作，正式成为了一个专业模特。

张亮是幸运的，他进入模特界的时候正好赶上中国男模审美更替的时候，以前模特都流行国字脸、浓眉大眼，而张亮作为一个小眼睛的男模是很难有出路的。可是后来设计师比较认可有特点个性的模特，张亮就有了成功的资本。

刚刚进入模特行业，没什么经验的张亮对所有的一切都十分不适。那时候，模特必须要跟杂志编辑、摄影师、服装设计师等人打好关系，但是张亮根本不认识他们，当然他们也不认识张亮，因此张亮的工作十分被动。不过张亮明白，只要把自己手头上的工作做好，就能够让自己成为一个发光体，将这些人吸引到自己身边。于是他拼命努力，认识的人越来越多，客户也愿意跟他合作，因为人们都在他身上看到了认真与不怕吃苦的精神。

在模特界摸爬滚打多年之后，张亮凭借其独特的魅力获得了很多时尚大师的认可，并多次参加国际级的时装周。

张亮身上的这种综合气质也被《爸爸去哪儿》的节目组导演所看中。在节目刚开始宣传的时候，人们都不知道有张亮这号人，与其他几组明星家庭相比，张亮的名气显然黯淡。不过开播之后，张亮就凭借自己的大长腿、细心的观察力、精湛的厨艺、独特的育儿方法迅速释放了自己的魅力，让观众品到了这壶“陈年佳酿”的美味，并很快为其沉醉。

张亮的微博签名上写着：不想做模特的厨师不是好演员。这也正彰显了张亮丰富的经历，其遭遇的各种挫折，让他变得更加多元化，也更有魅力。

爱默生曾说过：“每一种挫折或不利的突变，是带着同样或较大的有利的种子。”因此，挫折也是一种养料，当我们面对外界的变化或者挫折的时候，不要沮丧，因为你的种子要发芽了！

第三辑

经历破蛹之痛，才能舞动整片天空

我们在夏天有约

● 胡识

一

在你呼呼大睡或感到无聊至极时。我已经弓着背，在滚烫的水田里挥汗如雨了。我的五脏六腑在慢慢地熔化。此时，正大夏日当头。

每天五点多到十一点半，十四点多到十九点，这两个时间段，恐怕不是天上的飞禽在悲叫，而是地上的我一声不吭。

我恨老爹老妈的绝情啊。他们一大把年纪还承包十几亩农田。害得我这个不文不武的懒人都被卷进了战壕里。

二

我们种田的装备除了秧（禾苗）、秧秆（原来的稻秆，现用来捆绑秧的）、粪箕、锄头、草帽、大板车，啥都没有。等插秧累得上气不接下气了，就找棵大树靠靠、喝喝井水、吃吃西瓜、捞一片似草非草的东西当扇子用。一旦看到太阳躲进了云里，吃啥、喝啥都是大快朵颐，就甭苟求细嚼慢咽了。再说，云总是不解风情的，别看它黑漆漆的像掘了底的锅盖，风吹还真不会草动。没一会儿，过完家家回来的太阳叔叔就使劲个蹲点，猛地生火，烧泥、烧水、烧头皮、烧人生。

我是 2005 年学会插秧的。若你问我干那事苦不苦。嘿，我当然会毫不客气地说，不苦才怪。然后你接着笑侃，那就好好读书，将来混个名堂出来，扔掉锄头棍。“哈”，随着我的一声暗笑，在插秧时我是横刀立马，立志发奋图强。可一旦我回了学校，就疯得忘了当初的志向。每天熄灯入睡前，我在黑暗中盯着天花板，默默地对自己说：“嗯，明天再努力也不迟吧。”

三

我觉得种田最幸福的事莫过于插完秧后，可以蹲在地里喝冷水或吃西瓜。有时一阵凉风吹来，那种惬意的感受一下子涌遍全身，累的同时也觉得心情美滋滋的。我就喜欢插完秧可以休息的时光，虽然它很短暂，但对它的记忆，我想我这辈子怎么都忘不了。

我在地里插秧时，村里人总喜欢开我的玩笑，“大学生在家种什么田哟，去外面玩个痛快了，你爸妈干得完！”我知道他们一定是在变相夸我，那里面既有爱的同情也有爱的乡情。

种田虽然是件苦差事，但它使得我的青春变得坚韧无比。它对于我来说是笔财富，在这笔财富里，有家的热闹，有劳动的美好，也更有我对青春的热爱。

四

刘同说，谁的青春不迷茫。可每当忙完了农活，我的青春就再也不恐慌了。我都能听到乡下的鸟鸣，看到乡下的炊烟，还有一条不近不远的山路。我行走在山路上，青春告诉我，再翻过前面的一座山，你就会想起我的样子了。

白云、禾苗、水田、草帽，还有几个捕捉笋虫和金蝉的少年，还有几个追着蜻蜓不放的娃娃，男孩子和女孩子跳完皮筋、踢完毽子、推完铁圈、弹完弹珠就穿着短裤跳到河里洗澡。我们在水里一边捉迷藏，一边摸河螺，惹得鱼儿总用小嘴巴亲我们的脚丫子。

我们在十多个暑假喊了成千上万次“痒，痒，妈妈你再用力往上挠几下，我是不是满身都是痱子啊？”

“谁叫你大热天还贪玩，活该！”妈妈将花露水喷到手掌上，然后再抹到我们身上，连她们的骂声都是清凉的。

五

今年暑假我种完田给自己拍了一张照片，并将它放到微博里。

有朋友说，我变丑了。也有朋友说，我活生生像个小农民。更有朋友说，我变成了张嘎子。我知道他们这样说，是想逗我开心。

当然，大多数朋友都给我点了个大赞。

六

也许那是我最后一张种地时的照片了。我不是炫耀，不是想引起谁的关注，也不是想说自己有多辛苦，我只是想表达那是我即将逝去的青春。若干年后，当我快忘了风吹禾苗时的样子，这还会让我想起，那些年，我在水田“奔跑”的日子。

其实，青春是睡不着的，太阳亮着，它就醒着。

所以，不管夏天有多热、多苦、多长，只要我们静下心来再读读青春时的故事，我们一定还会做梦。

对，我们在夏天的夜里，有个约定。

我们都是带枪的猎人

•李良旭

上小学三年级的时候，一次，老师说要选几名同学上主席台给来宾献花。我高高地举起手说："我去！"

那个年轻的女老师看了看我，脸上露出不屑的神色，淡淡地说了句："你长得太丑了，你不行！"

教室里，同学们哄堂大笑声，有几个大胆的男生，还用手拍打着桌面，嘴里发出尖锐的叫声。

那一刻，我恨不得找个地缝钻进去，感到无地自容。

下课了，同学们三三两两在一起，兴高采烈地进进出出，我还傻乎乎地坐在座位上。那句"你长得太丑了，你不行！"还一直在我耳边轰隆隆地响起。那声音，是那么刺耳，像一块巨石堵在我的心口上，压得我喘不过气来。

因为那句"你长得太丑了，你不行"，让曾经无忧无虑的我，变得多了一份敏感和脆弱，以至于很长时间，我都走不出心灵的阴影，无论干什么事，我都缩手缩脚的，没有了一点自信。

那个年轻的女老师，在我眼里，她就像一个魔兽，总是露出狰狞的面孔，张牙舞爪地向我扑来，我在竭力躲藏着……

那年，邻居家一个叫小红的小姑娘每天站在窗台前拉小提琴。那悠悠的琴音，像潺潺的流水，沁人心脾。

琴声吸引了我。我趴在她家窗前，看到那小提琴流光溢彩，好像一面镜子，能照进人似的。我忍不住地央求道："小红，让我摸摸你的小提琴好吗？"

小红看了看我，大概她看出了我的可怜相，轻轻地说道："你只能轻轻摸一下，不能摸坏了。"

我用力地点了点头，伸出一只手，小心翼翼地想去摸摸那把小提琴。

突然，小红妈妈进来了，她大声呵斥道："你这爪子这么脏，怎么能摸我家的小提琴？"

这声怒吼，仿佛像晴天霹雳，吓得我赶紧缩回了手，逃也似的滑下窗。因太紧张了，头重重地撞在窗沿上。跑出很远，我顾不得揉揉头上被撞出的一个大包，而是伸出手，仔细看着两只手，悲怆地哭泣道："我这手叫爪子吗？"

从此，小红家的小提琴声，我再也听不出潺潺的流水声，相反，却感到像电锯声，拉出的每个音节，都感到十分刺耳。

一次，高中同学聚会。一个叫许通通的同学坐到了我身边，他和我热情地寒暄着。忽然，他说了句："你还记得初中二年级的时候，一次，你看了我写的作文后，在班上大声嚷嚷，说我写的作文全是胡编乱造，什么蓝色的月亮挂在天空上，什么小虫在草丛里浅吟低唱，还有什么风像奶奶的手掌，温柔地抚摸着我的脸颊……你那尖利的嘲笑，像锤子一样，深深地刺痛了我，我感到无地自容。要知道，我从小就想当一名作家，因为你的嘲笑，后来，我的那个梦想彻底破灭了。以至于几十年后，每当我提笔想写点什么，当年你在教室里那嘲笑声，又在我耳旁响起，我再也提不起笔来。”

老同学的一席话，让我感到无比震惊。我怎么一点也想不起来了，我怎么也成了像我遇到的那个小学老师，还有小红妈一样的人了？

荣获 2015 年“雨果奖”，写《三体》的著名科幻作家刘慈欣，说过这么一句话：“宇宙就像是一座黑暗的森林，里面的每个人都是带枪的猎人。他们像幽灵般潜行于林间，如果他们发现了别的生命，能做的只有一件事，开枪。在这片森林里，你随时可能被别人消灭，你也在随时消灭别人。这就是所谓的宇宙文明图景。”

看到这里，我不禁哭了。原来，我们自诩为是个文明人，其实，我们都是带枪的猎人，像幽灵般潜行于林间，我们随时都会开枪。

天赐良儿

●［澳大利亚］凯瑟琳·惠伦　孙开元　编译

1996年12月，儿子扎克出生六个月的时候，我发觉他有些不对劲。他总是用左侧身体玩玩具、把左胳膊伸在前面，仿佛右侧身体不是他的一样。几个星期后，我带着他去看一位儿科护士，护士故作镇静地让我赶快带孩子去看儿科医生。“我那蓝眼睛的帅气儿子怎么了？”我心里七上八下地想。

在接下来的六个月，扎克和我不知找了多少次理疗医师和儿科医生，扎克不停地哭闹，我想尽办法哄着他让医生做检查。

扎克一周岁的时候，医生给他做了一次CT扫描。检查结果确定了医生的诊断：我的漂亮儿子患的是脑瘫。我乱了方寸，甚至没问问医生脑瘫是什么病，他也没时间跟我解释。开车回家时，我的脑子里胡思乱想着：儿子脑瘫会怎么样？他会走路和说话吗？是不是我的过失？我们现在应该怎么办？

我没想到儿子会是这样，我想象的是儿子在公园里踢足球、快乐地过节、和伙伴们一起滑水的样子。现在，这一切似乎都成为离我们很远的事情。

扎克右侧身体的肌肉和骨骼比左侧的弱小，他的反应迟缓，平衡感也很差，最让我们担心的是他的右手功能受到了限制。

CT 检查之后不久，医生为我们介绍了一家残疾儿童康复中心。在接下来的几年里，专家们为扎克进行了理疗、水疗、语言训练，为了教会他使用右手，每天还要花几个小时让他参加幼儿集体活动，进行辅助运动。他的右手和右腿戴过让他很不舒服的夹板和矫正器，也做过一系列手和腿的手术。

扎克受了不少罪，但是也学会了一些本领，尽管进度很慢。一岁零八个月时，虽然他的脚步不稳，并且一只脚打转，但是同龄孩子会做的事情他都会做了。扎克每学会一个本领，我们就互相庆祝，信心也越来越强。在这一过程中，扎克以微笑和欢笑面对，很少有抱怨的时候，医生们都很喜欢他。

我向医生承诺：扎克活动时，我站在旁边，不会过度保护他。相反，我对待扎克和对待其他孩子一样。他走路越多，摔得跟头就越多，因为走路不稳，他摔破过膝盖，摔得牙齿流过血，每当看到这些苦难没有阻挡住儿子前进的步伐，我就感到十分骄傲。在练习本领的过程中，扎克学会了开动脑筋，成了解决问题的小行家。扎克很善于想办法使用他的右手握东西，并且完成要做的事情。我从中也懂得了，孩子做一件事情时，当父母的永远不要认为他做不成。

我曾经对孩子的未来心存种种恐慌和忧虑，事实证明，这些恐慌和忧虑都是多余的。我们的世界没有缩小，相反在扩展，我接触到了以前想象不到的一些体验。扎克玩游戏时，我抑制住对他会受伤的恐惧，让他随着自己的热情自由发挥。他在八岁时学会了踢足球，11 岁时当上了运动员，他在运动场发现了自己的运动天赋。他特别善于跳远、100 米、200 米和 800 米短跑。作为一名残疾人运动员，他六次代表本州参加了全国性残疾人运动比赛。2011 年，他成了澳大利亚少年组跳远冠军获得者。现在，扎克的热情转移到了骑车上，正在南澳洲残疾人自行车赛队进行训练，准备参加 2020 年在日本举办的残奥会。如果当初我在他参加运动时怕他摔着碰着，他可能永远没有机会出门旅行，永远无法认识世界各地的精英人士并且和他们同场竞技。

下个月扎克就将 19 岁了，今年早些时候，他开始在弗林德斯大学攻读数学学士学位。他跟我讲人生的美好品质：开明、勇敢、坚定、友爱。他给我们全家人带来启迪，我感觉能和他度过这段独特的人生路程真是幸运。培养扎克的经历是我以前从未想到过的，但是很感激扎克成为了我的儿子，他是上天赐给我的一份最好的礼物。

有一种嫉妒叫仰望

●顾晓蕊

那天的同学会上，苏小凡最后一个到场。她衣着光鲜，略施粉黛，举止谈吐间散发出优雅自信的气质，引得现场同学们一片惊叹。连我这位昔日的宿友都感到意外，这是当年那个略显土气的羞涩女孩吗？我的思绪飘回到多年前。

进入高中后，由于离家较远，我寄宿在学校。宿舍里有六个女生，小凡就睡在我的下铺。

我从小受到父母的疼爱，很少自己动手做家务，因而一时无法适应住宿生活。小凡是位勤劳细心的女孩，主动帮我打热水，教我整理内务，我们很快便混熟了。

在班上，小凡是最勤奋的学生，日历上写着励志短语，每天换一句。晚上我们睡下后，她躲在被窝里打着手电筒看书，早上醒来看不见她，在宿舍走廊上诵读英语。也因此，每次考试成绩下来，她都遥遥领先。

后来，分了文理班，宿舍里新来两位女生。她们人长得俊俏，打扮得如花似朵。

起初，她们半开玩笑地抗议说：“小凡，你干吗这么用功啊？让我们觉得很有压力。”她的脸红了，抱歉地朝她们笑笑。渐渐地，那些人的话语变得刻薄起来，心里仿佛有一只叫“嫉妒”的小兽在跳跃，冷冷的话如无形的箭一般刺向她。

可她从不辩解，继续做自己的事，失望之余，她们搞起恶作剧。

下了夜自习，回到寝食，她打开手电筒灯不亮，少了一节电池。刚打回一瓶热水，转个身，里面的水被人给倒空了。她们一脸得意，捂着嘴吃吃地笑。小凡低头皱眉，轻咬着嘴唇，一语不发。

这些恰好被我看在眼里，或许是我的心里也住着一只小兽，或许是怕受到她们的排挤，性情柔弱的我选择了缄默。我甚至将这一切，归咎于她的争强好胜，也就有意地疏远了她。

半年后的一天，小凡接到一个电话，匆匆地离开学校。过了一个多月，她回到宿舍，看上去消瘦憔悴了许多。随后的摸底考试，她的成绩并不理想，在别人放肆的嘲笑声中，扭身跑开了。

我从教室里出来，独自漫不经心地走着。忽听到校园一侧的花丛中，传来低低的哭泣声，断断续续，若隐若现。

我循着声音望去，小凡站在一棵花树下，单薄的肩膀轻轻地耸动着。一阵风吹过，片片花瓣如雨般簌簌落下。我想上前安慰她几句，却不知该说些什么，只好悄悄地转身离开。

第二天的课堂上，老师不仅没有责备小凡，还对她提出表扬，我这才知道事情的真相。

她10岁那年，父亲因病去世，家成了风雨中飘摇的小舟。体弱多病的母亲打工供她读书，她暗下决心要好好学习，将来当一名医生。前段时间离校，是妈妈的病又犯了，她在医院陪护。

老师说："小凡很用心也很努力，这次没考好不要紧，我相信她会很快赶上来。"说完，老师用鼓励的目光看着她，冲她点点头。教室里骤然间响起一阵掌声，我有些惭愧地扭头望去，见她眼中泪光闪动。

她的成绩很快升上来，那年高考，考上一所有名的医学院。我想向她道一声祝贺，却没有勇气说出口，再后来忙着迎接大学生活，慢慢淡出了彼此的视线。

后来，从同学那里陆续听到她的一些消息，考上了研究生，毕业后留在上海的一家大医院工作，把母亲接过去同住。日子如流水般缓缓淌过，岁月静好，安之若素。这次同学会，她专门请了假，坐飞机赶了回来。

我正兀自想着，小凡不知何时走了过来，笑吟吟地问："叶子，你还好吗？其实挺想你的。"同学们在喝酒，唱歌，传来一阵阵喧哗的声浪。她说太吵了，努努嘴，示意我到屋外的露台上。

随意聊了一会儿后，我有些期期艾艾地说："你知道吗？那时你学习那么好，让我们都很嫉妒。"她说："我知道的啊。"我忽然一怔，原来，她心里如冰雪般透彻。

沉默了片刻，我忍不住小声问她："你有没有责怨我们？"

她摇了摇头说："妈妈告诉我，当你比别人强一些时，会遇到嘲讽和冷落，不要害怕，更不要被嫉妒的目光绊倒，只管向前奔跑。如果有一天，你站在一个更高的地方，他们对你只有仰望。到那时你会发现，嘲讽也是一种激励。”

说罢，她轻轻地挽着我的手，一如当年。我浑身微微一震，心中多年的愧疚终于释然。

这时，听到有人喊：“快来拍照合影了。”同学们纷纷聚拢过来，她被众星捧月般簇拥在中间，一脸的笑，眼中满是灼灼光华。她是蚌，将一粒折磨心灵的沙子，磨成闪亮的珍珠。而我差一点，与这份美好擦肩而过。

不到1米的顶梁柱

●赵盛基

1992年，她8岁。本应是天真烂漫、活泼好动的年龄，然而，一次意外受伤却让她的双腿再也站不起来了，身子一下子矮了半截。从此，她只能蹲着，用马扎支撑，一点一点挪动着走路。

2002年，她18岁。说来也还是个孩子，可她说："我成人了，是个大人了，我要支撑起这个家。"是啊，家里只有她这个顶梁柱了。2年前，父亲因患尿毒症去世，半年前，母亲又因胃癌离她而去，家里只剩下她与年仅5岁的妹妹和卧病在床的年迈的奶奶。

雪上加霜的是，为了给父亲治病，母亲在世时东凑西借欠下了35000元的债务。这对一个毫无劳动能力的三口之家来说，无疑是一个天文数字。

作为债主的街坊邻居们非常同情这个不幸的家庭，没有一个人张口要债，都纷纷表示不要了。但是，她却很真切地说："虽然家里没有什么收入，但做人要讲诚信，当初大家是为了帮我们才借钱给我们，这钱一定要还。”她手捧账本，暗暗发誓：我要用 10 年时间还清所有欠债。

她记得，母亲离世前，没有给自己留下什么有价值的东西，却郑重地交给了她这本账本。她说：“母亲在世时，我经常看见她记账。临走的时候，她把账本交给了我。我知道，母亲的意思是不想让我欠别人的钱。”

从 18 岁的这一天开始，她缝缝补补、洗洗涮涮，照顾年幼的妹妹和年迈的奶奶，撑起了这个家。而且，一直没有忘记还债这件事。

可是，还清 35000 元，对她来说谈何容易。开始，她家的低保和爷爷的抚恤金每月总共只有 200 元钱，除开一家的生活费和奶奶常年吃药的花销以外所剩无几。她知道，自己没有劳动能力，不能赚钱，唯一的办法只能靠省吃俭用。因此，她历来都是买最便宜的菜，而且还只给奶奶和妹妹吃，自己从来舍不得吃。

街坊邻居看在眼里，有心帮她，可倔强的她从不接受别人的钱财，许多爱心人士向她捐赠，都被她推掉了，她说：“留给那些更需要的人吧。”人们只好把一些废旧品送到她家里，让她卖破烂换几个钱。为了多卖几个钱，她把这些废旧品一件件地整理分类之后才卖掉，收入的钱她一分都不舍得花，全部攒起来。

一年下来，她竟节省积攒了 700 元钱。加上年底政府和社会各界的救助，她硬是凑够了 2000 元钱。当拿着这些钱还给人家时，人家说什么也不收，几经周折，才把钱硬塞给了人家。这是她还的第一笔欠债。此后，她就是这样一分一分地节省，一元一元地积攒，一笔一笔地偿还。好心人都不收她的钱，她就一次一次地去还，有的去了七八次，人家拗不过她，才不得不收下。截至到 2009 年底，她已经还清了全部欠债，比计划提前了两年多。

2012 年，她 28 岁。她的事迹不胫而走，感动了四邻八乡，被评为“山东好人每周之星”。

村民说：“她是我们村的骄傲，大家都知道我们村有个讲诚信的女孩。”

电视台记者采访她时，她对着父母的照片泪流满面地说：“爸爸妈妈，家里的债都还清了，周围的人对我们都很好。妹妹读书很用功，下一步我要攒钱供她上高中，上大学。你们放心吧，我很想你们……”

她叫孙奉岩，是山东省淄博市聂村的一个残疾女孩，身高不足 1 米。

你就是自己的奇迹

● 姜钦峰

他是个阳光帅气的小伙子，一头飘逸的长发，再加上一副墨镜，给人的第一印象总是酷酷的。从中医学院毕业后，他开了一家私人诊所，专门给病人推拿。他不仅医术精湛，而且生性乐观，爱好广泛，利用业余时间，他曾和朋友们组建了一支摇滚乐队，他担任吉他手。

一天，有个摄影家因患腰椎间盘突出，久治不愈，慕名找到了他的诊所。一来二去，他和摄影家成了好朋友，两人无话不谈。摄影家说，你有这么多爱好，要不我教你摄影，敢不敢玩儿？他说，当然可以，有什么不敢玩儿的。第二天，摄影家就带来了一部海鸥牌单镜头反光照相机，很专业的那种。他心里有点发虚，昨天一句玩笑话，没想到摄影家竟当真了，盛情难却，他只好硬着头皮学起了摄影。

长这么大，他从没摸过照相机，一切都得从零开始。摄影家很有耐心，一点一点地教他，快门、光圈、对焦、运用光线……

他第一次拍完了整卷的胶卷，结果只冲印出来 19 张，但他欣喜若狂，因为摄影家说过，36 张胶卷只要他能冲出 8 张就算满分。摄影家的腰疾渐渐好转，一有时间就带着他去户外采风，他的悟性极高，摄影技艺与日俱增。在一次摄影比赛中，他拍的作品获得了优秀奖，在摄影家看来，他简直就是一个奇迹！

也许有人不以为然，不就是摄影拿了个小奖？有什么好稀奇的？可是，如果我告诉你，他是个盲人，你会作何感想？恐怕绝大多数人的第一反应就是“不可能”。千真万确，他叫谈力，8 岁时因为一次意外事故双目失明，现在他已经是扬州摄影家协会会员。

熟悉照相机的人都知道，光圈和快门转盘都是一格一格转动的，手感明显，难不倒盲人。对焦有点麻烦，因为对焦环是无极旋转的，光凭触觉很难把握，但是谈力有办法，他在对焦环上刻了一个标记，然后在相机的固定部位再刻一个标记，作为参照点，问题自然迎刃而解。

网上流传着一张谈力的得意之作，照片上是他活泼可爱的女儿，昂着小脑袋，嘴巴张得大大的，灿烂的笑容惹人羡慕，天真、顽皮、欢乐呼之欲出，无论构图还是用光，其水准不逊于正常人。他是怎么做到的？在室外，他能感觉到阳光从哪边照射过来，然后叫女儿侧对着光线站立，此时他又凭着声音来源确定女儿的方位，揣摩她的表情，适时地按下快门。就这么简单！

由此看来，盲人摄影的确不是神话。可是，依然有不少人质疑谈力。他们无论如何不敢相信，那些优秀的摄影作品会出自盲人之手。谈力反倒坦然处之，“有人怀疑并不奇怪，我从不认为这是对盲人的歧视，因为我做的事情已经超出了他们的想象力范围。”

谈力“看”到了问题的本质。

其实，怀疑谈力的人同时也在怀疑自己。在他们的习惯思维里有太多的“不可能”，许多事情还没动手做，自己就先想当然地否决了，自然偃旗息鼓，不战自败。神话与现实并无界限，100多年前，飞机就是个神话；谈力之前，盲人摄影也是个神话。记得一位大师说过，你所要做的，就是比你想象的更疯狂一点儿。只要你去做，有什么不可能呢？

只要你去做，你就是你自己的奇迹。

与一份差评成绩单较劲64年

●孙建勇

格登对虫子很感兴趣，很想成为研究它们的科学家，可是，他实在太“笨”。

那天，从伊顿公学加德姆老师手中，格登接过自己的成绩单，看了看，顿时满脸通红，羞愧不已。是的，这的确是一份令人尴尬的成绩单，分数惨不忍睹，各科成绩的总和不及人家的零头，尤其是理科，门门功课摆尾，而生物学甚至在全年级250名学生中排在倒数第一，是名副其实的“二百五”。加德姆老师给予的评语更加令人难堪，他说：“我相信你想成为科学家，但以你目前的学业表现，这个想法非常荒谬，你连简单的生物知识都学不会，根本不可能成为专家，对于你个人以及想教导你的人来说，都是在浪费时间。”——这等于是宣判：格登是“科学蠢才”，在理科方面根本没有任何希望。

拿着成绩单，格登郁闷极了，含着眼泪跑到了自己的“实验室”——那是学校一间闲置的小仓库，他课余时在那里饲养了很多毛毛虫。他再次摊开成绩单，恨不得揉皱、撕碎。他一直有个梦想，将来做一名生物学家，然而，现在老师给出了这样完全否定的评语，实在令人沮丧。

忽然，一只蝴蝶在他眼前飞舞了几圈，扑落在成绩单上。格登不禁眼前一亮，这才注意到，原来他所饲养的毛毛虫好多已经化成蝴蝶，在仓房里蹁跹起舞。他甚至注意到，一只蝴蝶正在从蛹壳中挣脱出来，那柔软皱缩的翅片，在空中尽力地伸展着，虽然艰难，却很执着。格登深受感染，满心郁闷烟消云散。他想，我这只笨笨的毛毛虫，难道真如加德姆所说，不能羽化成蝶吗？再说，加德姆又不是上帝，他怎么可能确定我的未来呢？

这样一想，他那种想把成绩单揉皱撕碎的冲动完全没有了，他觉得如果那样做，只是宣泄一下而已，并不能从根本上推翻老师的评定；而正确的做法应该是保留它，时常与它对话，告诉它："你所说的不是事实！"就这样，心情敞亮很多的格登回到家中，把差评成绩单放在自己房间的书桌上，用玻璃板压着。此后，每隔一段时间，他都会盯着它看上一会儿，明显是在与之较劲。

这样的举动，不止一次，也不止两次，是无数次；坚持了不止一年，也不止两年，而是六十四年……在岁月的流逝中，凭着一股倔强劲儿，格登坚持理想，笨鸟先飞，发奋学习，刻苦钻研，一次又一次用实际成就向那份差评成绩单宣告："你所说的不是事实！"中学毕业后，他考入牛津大学，攻读动物学；25 岁那年，他成功克隆出一只青蛙而一举成名，被称为"克隆之父"；29 岁那年，他提出突破性观点：细胞的特化机能可以逆转，这项理论震惊生物界，因为此前的理论认为特化细胞发育过程不可逆；38 岁时，他开始在剑桥大学任职，先后担任多个生物学、遗传学研究机构的负责人；79 岁时，因为巨大的专业成就，他荣获 2012 年诺贝尔医学奖。一条曾经笨笨的毛毛虫，最终化蛹成蝶。

他就是约翰·格登，一个与差评成绩单较劲 64 年的“笨”小孩。至今，在剑桥大学格登研究所中，当年那张成绩单仍然摆在格登的办公桌上。当人们问格登为何对一份令人难堪的成绩单情有独钟时，他这样说：“每当遇到什么麻烦，比如实验无法进行下去等情况时，我都会看看这份评价，来提醒自己要努力坚持，不然真的就被以前的老师说中了。”是的，能够把骂声听成鼓声，把拍砖视为垫砖，把对手看作推手，这也许不算人生大智慧，然而，却是羽化成蝶、成就未来的真功夫。

半粒种子也有春天

●澜涛

她 13 岁那年，命运突然拐了一个弯，她在做脚踝手术时，因为神经损伤，导致右膝受伤，左腿从臀部以下瘫痪，从此，从小就热衷体育运动的她被束缚在轮椅上。花蕾初成，就遭此厄运，这让她极其痛苦、颓丧，她任由着父母的鼓励渐渐沦为无奈的叹息，任由着绝望一寸寸蚕食着自己。

一个初春，父母将她送到做农场主的亲友家散心。虽然亲友的照顾无微不至，但她仍旧排斥着所有开导和劝说。一天，亲友拿来一小杯小麦种子，表示要和她进行种小麦比赛。比赛种小麦的土地选在亲友家屋前的园子里。播种前，她注意到，亲友拿来的小麦种子，有许多颗粒是残损的，她把那些残损的种子一一挑出，扔掉，亲友却一粒粒捡拾起来。当她把经过精心挑选，颗粒完整、饱满的种子播种到属于她的那一块田中后，亲友当着她的面，把那些她扔掉的，少了一角、或少了一半的残损的种子种在了另一块田中。她诧异地想，那些残损的种子能发芽吗？亲友似乎看出了她的困惑，微笑着说道：“看看会不会有奇迹发生吧！”

她开始关注起园中的小麦田。

随着春意越来越浓，她注意到，她播种的那块田上，钻出一个个嫩绿的小麦苗来，而让她惊讶的是，亲友播种的那块田上，也纷纷钻出小麦苗来。幼芽一点点长高，继而长出叶片……日复一日，她播种的小麦田里的小麦已经长成绿油油的一片，亲友播种的小麦田也一样的茂盛。残损的种子也能发芽、长大，这让她十分困惑。一个傍晚，她和亲友坐在屋前的夕阳余晖中，亲友对她说了一句改变她命运的话：“只要能够精心培育，那些残损的小麦种一样可以有春天，你也一样，只要不放弃希望，也可以有你的春天。”

从此，她像变了一个人。

她对生活重新燃起希望，积极地进行康复训练，参加残疾人自行车训练等。两年后，她第一次参加了残疾人自行车比赛，并获得冠军。此后，她的身影不断出现在各个残疾人自行车大赛的领奖台上。大约 6 年后，她获得了在瑞士举行的世界公路赛冠军。就在她以为，厄运已经被她的坚强和坚韧击败时，一场突如其来的车祸，导致她下半身完全瘫痪。但是，有着那个追求春天的信念，她再一次和厄运展开较量。康复、训练、比赛，两年后，她的身影又开始出现在世界各大残疾人自行车比赛的领奖台上。然而，厄运再一次向她露出狰狞的利齿，她再一次被汽车撞伤，这一次伤到了脊椎，她只能参加手把式自行车比赛了。即便这样，2 年后，她仍然赢得两次手把式自行车世界大赛冠军。

她赢得了她的春天，一个又一个。

然而，不久前，在一次备战残奥会的训练中，她被一名选手的自行车从背后重重撞倒，她不得不再一次住院治疗。但这一次，厄运却只是一个狰狞的面具，面具下隐藏着一个意外的惊喜——她在治疗过程中感觉到腿部居然有了知觉和刺痛，并能轻微活动，没多久，双腿居然可以移动行走了。又经过几个月的康复治疗，她居然告别了陪伴了她 13 年的轮椅。目前，已经完全康复如常人的她，获得了一家女子职业车队提供的合同，她开始了一名健全自行车运动员的训练和追求。

她叫莫尼克·范德沃斯特，荷兰传奇自行车运动员。

半粒种子也有春天。而厄运，只是一个白天和另一个白天之间脆弱的黑夜，坚强的人，让纷扰落下，让希望的脚步奔向曙光。

用鼻尖谱写生命之光

• 李静

1985 年，她出生在湖南岳阳一个普通的农民家庭。她出生后逐渐出现了一些行为异常，父母将她送到医院检查，被诊断为“徐动型脑瘫”。不能站立、几乎不能用语言表达，不经意的小动作会引发全身不自主的抽动，这是影响独立生活能力中最难治好的一种病型。父母带她跑遍了各大医院，几乎花光了家里为数不多的积蓄，可她的情况依然没有好转。

长大后，她经常将头贴在窗玻璃上，望着窗外车来车往，等待着家人回来。爸爸要赚钱养家，弟弟和妹妹都要上学，妈妈除了照顾她，还要种地，养猪。一个人在家时，她就用脚趾按遥控器选择频道，靠看电视来打发时间。等弟弟、妹妹放学回家，她就关掉电视，听他们读课文，听不懂的就用下巴翻看字典。

时光流转，转眼过去了 20 年。

一天，妹妹新买的手机忘在了家里，她一个人在家实在无聊，就不停地看手机上的时间。前几次还好，这次她凑上前去想让不听使唤的手去触亮屏幕时，身体一下子失控了，鼻尖在屏幕上蹭了几下，没想到竟然触碰出了手机键盘，而且还打出了几个字母，这让她大为惊喜。父母第一次看到她如此开心地笑，就为她买了一部手机。在妹妹的指导下，她开通了微博。

2011 年 4 月的一天，她在微博上看到“微小说”大赛的消息，心中突然萌发一种冲动。她把微小说的内容编辑好存起来，然后再仔细看一遍有没有要修改的地方，没问题后就用短信的形式发出微博，起初每天只发一条，随着熟练度增加，逐渐增加到每天可以发出 15 条。

一条短短 140 字的微博对于普通人来说是很容易的，可对于她，却是付出了全身的力气。她要用下巴调整手机的位置，用鼻尖触摸手机的键盘，每触摸一下都要抬头看看显示的字母是否正确，每打一个字母她就要花掉近 20 秒的时间，一天 10 个小时下来，紧贴桌子的胸口、颈椎和腰椎都会很疼。甚至有时为了凑近移动了位置的手机，她的身体经常被撞得青一块紫一块。家人无数次心疼地劝她停止吧，而她总是笑笑，像个没事人一样继续用鼻尖触摸着手机屏幕。

到 2012 年 3 月，她一共发了 2600 条微博，所有的微博连在一起，就是一个完整的故事。妹妹把她的微博一条条复制下来，编成一个文档，发给已是作家的小姨帮忙修改。这部被她命名为《阴谋》的近 32 万字的长篇小说在小姨的修改和点评后给了她很大的信心，她突然发现自己的人生也可以很精彩。

有了家人和微博上网友的鼓励，她开通了博客并创作了 12

万字的武侠小说《千年屠刀》。在博客上写文章的速度快了一些，她用半个月时间就写成了6000字的《龛人》上部。2012年11月，她根据自己的亲身经历，写完了7万字的自传《温暖人生》，仅一个月后，她又完成了两万字的短篇小说《许我爱丑颜》的初稿。2013年4月，自传《温暖人生》正在出版中，《许我爱丑颜》已修改完成，《龛人》下部也已经写了5200字。

她，就是黄扬，用300万次鼻尖触摸出60余万文字的“鼻尖女孩”。

在家人甚至是自己都认为今生就会如此时，一次鼻尖意外触碰手机屏幕带来的发现，让文字彻底改变了黄扬的人生。妹妹经常摸着她的鼻子说：“别写了，看你原本漂亮的鼻子，现在都塌了很多。”每每这时，黄扬总是笑着说：“虽然我的手和脚不受控制，但我还有一个灵活的鼻尖，我要让它像笔尖一样谱写出精彩的人生。”

通过网络，黄扬的文字得到了众多网友的认可，有记者曾问她：“每天这样用鼻尖‘写’字多辛苦，是什么力量让你坚持下来的？”黄扬思索一下，艰难地说：“我曾在电视里看到一棵几个人都合抱不过来的千年古树，爸爸说它还是小树苗时也曾弱不禁风，砍伐者都觉得它不是好的原料，不愿用它，结果历经千年的风雨它终于成长为一棵参天大树。我也要做千年古树，我的鼻尖可以动，一样可以谱写出我的生命之光。”

云水襟怀

● 冯西娟

夜深了，仍旧无法入睡。曾折磨了我许久的寂寞与疲惫正疯狂地卷土重来，一霎时搞不清楚今夕何夕。好象时光划了一个圆，重新把我抛回一年前。一年前的今天，杨柳也是才吐绿，除了地皮上拱出的零星小草，还无法从天空和大地获得更多春来的消息。风孤零零地在大街小巷穿梭，一边飞跑一边打着呼哨。

没有了声音，没有了和这个世界的交流通道，没有了根据地，我到现在还记得一个同事不知轻重的玩笑："老闫，你赶紧说话，不然别人真的以为管理图书室的是个哑巴。"啊。我没有话说。忍到晚上，对着电脑屏幕一边敲字一边流泪，原来脑子里辛苦构建的鹤舞云飞和汀上白沙这样容易攻破。环顾四周，打不湿别人的哪怕一寸天空，眼泪流得既无法控制又毫无意义。

一年过去，而今初春又来。在车上，一个小同事惊奇地叫起来："闫老师，白头发！"我顺从的低下头来听任她给我小心翼翼的拔下。擎着这根通透银白的丝，想着它怎样初生，怎样由短渐长，直至披肩，怎样孜孜吸取我的营养，长得柔韧闪光。我怎样用精致的牙梳和芬芳的洗发水呵护它，把它漂洗干净，用干净毛巾在头上打一个结，它就在我头上湿漉漉的安睡。现在它提前老去，做了异己，我带一丝嘲弄注视着它，如同看着我自己命里注定的的结局。

年华易逝，一时茫然，检点旧时光，不知道都干了些什么，到底得多还是失多。

用心血熬炼出二十万字，到现在竟然没有一丝的成就感，只觉得劳累和疲惫。时常自问：所做的一切，到底有没有结局？好象是臧克家说过只问耕耘，不问收获，可是若是如此，耕耘又干什么。若说是不为无益之事，无以遣此有涯之生，可无益之事有许多，可以听歌，可以下棋，可以泡聊天室，为什么要夜夜孤灯，两眼鳏鳏的和自己过不去？

先生把我赶下来，他玩游戏。我和孩子共处一室，孩子看电视，我读英语。一边听着他乐不可支的大叫大嚷，和楼上邻居联线对垒；一边看着孩子因为看“星空妙管家”看得兴奋，满床乱滚。我是站在对岸，渡不过河的人。

心里一个声音一直在劝着自己放弃，人生苦短，为什么要这样为难自己。可是我现在三十有三，转眼就将四十，现在放弃等于将来把自己变成一个俗气熏天的中年妇女，而未经拚搏过的放弃导致的痛悔会让我在多少年后入土也无法安心。

真是一场自己和自己较劲的游戏，输和赢都是自己。

腰痛得要断开，手指僵硬。守着屏幕流泪，每个人都很忙，每个人都很累，自己和别人之间始终有一道高高的壁垒。人不知道我哭，我不让人看见我的泪。这样的坚守到底为了谁。

至尊宝敞开衣服，露出胸膛，恳求煞气冲天的青霞剖开自己的心，好让自己看一看那个痴情的紫霞仙子到底在心里留下了什么东西。红光闪过，他临死前看到的原来是一滴眼泪。

有些嫉妒，有些羡慕，谁的心里能装下我的泪水。

读完一本书，叫《藏着的关中》，把书合起来，开始绕着图书室转圈，心里漾上一种模糊的喜悦。对里面一句话加深了理解："我不受制于什么外力，也不为直接功利驱使，象麦客一样，拍摄与割麦均为一种生命存在的方式。"对的。就是这个意思。我手里这一支笔也只是目前来说我生命存在的一种比较合适的方式，无所谓得，也无所谓失。我只是用我的笔记录一段隐微的心程历史，或某个瞬间的照影惊鸿。

想起《封神演义》里一个片断：纣王问云中子："先生从何处来？"

云中子："心似白云常自在，意如流水任东西。"

纣王发难："云散水枯，汝归何处？"

云中子从容答对："云散皓月当空，水枯明珠出现"。

云散不是没有收梢，水枯不是至于绝境。云破月来，水落石出，看似的困顿转化成另一种新生。怀一份洒洒落落，云水襟怀，从现在起，我准备当一只快乐的蚂蚁。

苦难是一条项链

● 朱成玉

有这样一个女人，大胆地向世人展示着她的“伤疤”，获得了人们的掌声和鲜花。

她 4 岁时得了肿瘤，11 岁腿上长脓肿，12 岁发现自己得了脊柱侧弯，13 岁在脊椎里埋植了两根钢条。之后她又因为颈部椎间盘突出、肩膀二头肌腱炎等经历了多次手术。至今她都不能弯腰，也无法像其他女人一样风情万种地扭动身体……从 4 岁开始，她的身体就出现了太多常人所无法面对的问题。“伤痛从来就没有消失过，我只是习惯了而已。”———她习惯了一种时刻与伤痛斗争的生活。经常，疼痛涌上来了，她没有任何办法，只能照样穿好衣服，看看当天的训练和比赛安排，“活下去就是成功。”她总是这样告诉她的家人。

13 岁时她第一次做脊椎手术，在背部植入了金属钢条和支架。从那以后，她便开始蓄起了长发，不为别的，只为遮盖手术后背部的伤疤。“伤疤不会消失，它一直在那里，它是我的弱点。”每每想到伤疤，她都会情绪低落，她说，“我对我的背部很敏感，哪怕有人站在我背后，我都会有不舒服的感觉，我吃饭的时候也会选择背对着墙。我不知道为什么。”

“她总是场上最抢眼的女人。”BBC 的专栏作家詹姆斯这样说。黑色的披肩长发、黑色的无袖上装、黑色的特制手套和紧身皮裤，黑色的尖头高跟鞋———这样的亮相与其说是“扮酷”，不如说是掩盖缺陷。“我现在的气质和性感，都来自于艰苦的台球训练，它是感性的、技术的、有风度的一种运动，我喜欢，所以我一直做到现在。”在与病魔抗争的时间里，她遇到了丈夫乔治·布里勒夫，那时她 25 岁，打球 7 年，她明白了一个女人终究要以家庭作为成功的标志，当然，这丝毫不影响她在台球桌边继续辉煌。

然而，就是这个对自己的伤疤讳莫如深的人，却做出了一个惊人的举动。一个世界闻名的时尚杂志推出了一系列明星们的最新写真，她终于不再为自己动过手术的身体而难堪，一袭黑色长发也悄然挽起，她大胆地向世人展示了她的伤疤。

当记者问她为什么有勇气将自己的伤疤暴露给大家的时候，她说：“每个女人都会有自己的伤疤，有的在身体上，有的在心里。苦难并不可怕，如果你驾驭和征服了苦难，苦难就会是一条项链，使你变得更美丽。”

她就是那个深受球迷喜爱的女子台球世界冠军，在台球桌前意气风发、光彩照人的“黑寡妇”——珍妮特·李。

坊间盛传她连续 37 个小时练球直至被送进医院，用塑料胶带日以继夜地固定手型等难以想像的事实都是真的，每天晚上上床前，她光是上药就需要 1 个小时，还要让丈夫帮她按摩，“我只是想和我的家人一起享受台球和运动的快乐，因为我必须做好，做给每一个不幸的人看，我不断对自己说，李，你是好样的！”她没有跌倒，反而在艰辛中一次次站起来，这让她的意志和信念磨练得比金属钢条和支架更坚强。

于是，我们看到了她的成绩：在美国女子职业撞球联盟 (WPBA) 征战不到一年，便成为世界十位顶尖女子职业球手之一。1994 年，她赢得巴尔的摩锦标赛、华盛顿锦标赛两项 8 球比赛冠军后，她又接连捧回一座座花式九球奖杯。1996 年赢得年度 WPBA 冠军，达到世界第一。作为一名亚裔台球选手，这项荣誉来之不易。到目前为止，她已是女子花式九球项目的世界级偶像和符号。

黑色让她美丽，而苦难让她超越了美丽。

挫折中奋进，进取中突破

● 蔡践

希腊诗人米南德说过：“谁有历经千辛万苦的意志，谁就能达到任何目的。”挫折很多时候是意志力的“运动场”，当你坚持着跑完全程，就会获得更强大的力量。真正能获得成功的人，在“顺境”中不会为掌声和鲜花所陶醉，而是时刻居安思危；在“逆境”中也善于创造并利用有利条件，坚定而果敢地前进。

是啊，人生的旅程哪能都是一马平川？弯弯的崎岖，跌宕的沟壑总会遇见，别把它视为心中悲哀的壁垒，不妨把它化作是征服困难、激荡热血的豪情，那么一切之中皆有丰富和美丽。所以一个人想要有一番作为，在面对困难的时候就不能止步。倘若骨子里缺乏砥砺进取的勇气，往往会功亏一篑，留下叹息。纵观古今中外，那些有所成就的人，无一不是充盈着挑战勇气的执著进取者。

2002 年 7 月 4 日，是美国独立纪念日。这一天，美国百万富翁、58 岁的冒险家史蒂夫·福塞特在经历 6 次失败之后，实现了梦寐以求的理想，驾驶着“自由精神”号热气球安全降落在澳大利亚昆士兰州一个枯竭的湖边，结束了他的第七次单人环球飞行。

其实，在7月2日这一天，他的热气球飞过东经117度线的刹那间，就已经宣告航空史上又一个伟大的记录诞生了。从2002年6月19日起，他一共飞行了13天12小时16分133秒，航程是33971.6公里。让人肃然起敬的倒不是航空飞行的记录，而是他那种经历了六次挫折后仍进行第七次飞行的精神——一种永不言败的挑战精神。

的确，挫折是人生课堂上的必修课，是磨炼意志的试金石。正如每一颗丰满的麦粒都会饱受风雨的洗礼，每一个成功的人都会经受困难的考验。当我们勇敢面对困难时，困难也会为我们让路；当我们以坚强为盾、乐观为剑时，挫折也会被荡平而消失。

人生，贵在进取，在困难挫折面前，就是考验意志力的时刻，谁能接受其洗礼，谁就不会熄灭积极进取的动能；谁能拒绝思想上的残疾，谁就拥有打不垮的信念。“山重水复疑无路，柳暗花明又一村。”山路曲曲折折，总有抵达顶点的方向；征程沟沟坎坎，只要拥有奋进之心，希望之光就会驱散笼罩之云。

可以说，进取心是点燃追求的火把，是一个人生命中最奔腾的力量，也是成功者的助推器。当一个人具有不断进取的决心时，任何困难和挫折都会被突破和跨越。

人生因为有进取之心而会变得充实，人生因为有进取之心而会变得精彩。

第四辑

别被命运摆布，要在人生的海洋上破浪

用风筝钓鱼

● 澜涛

在太平洋南部的一个岛国，至今仍保留着一种奇特的捕鱼方法：用风筝钓鱼。

对于这个南部太平洋小岛上的居民们来说，岛上可怜的土地和资源，逼迫着他们不得不把生存的目光投向大海。一代一代地繁衍生息，居民们都掌握了一手上佳的捕鱼技能，多大多凶的鱼他们都捕获过。但是，让他们头疼的是，有一种嘴巴尖尖窄窄的鱼，这种被他们称呼为尖嘴鱼的鱼是颌针鱼的一种。鱼体呈长圆柱形，稍侧扁，上下颌皆延长呈喙状，体长一般 680~1040 毫米，常在海水上层追捕小鱼。因为嘴巴太尖太窄，渔民们的钓钩对它们无济于事。

岁月更迭，一年年下来，小岛附近的鱼越捕越少，为了捕到更多的鱼，岛上的居民们不得不划着独木船去远海捕鱼。虽然远海的鱼更多些，但危险也随之增加，常常有渔民一去不回。

那是哪一年，已经无法考证，可以用很久很久以前来形容。

是哪个人呢？我们暂且就叫他天才吧！天才对颌针鱼鱼群绞尽脑汁后，想出了一个钓鱼方法来——

天才凭借他多年捕鱼所积累的钓鱼经验，找来一根小木棍，然后走进岛屿的密林深处，寻找到一个沾满蚊虫等小昆虫的新鲜蜘蛛网后，将蜘蛛网搅粘在木棍头上，然后又找到下一个蜘蛛网。等他将五六个蜘蛛网搅拌到木棍头上后，他将蜘蛛网从木棍上剥脱下来，用手反复揉捏，揉捏时又加入两滴香液水，等蜘蛛网被揉捏得非常牢固了，一个钓饵就算做成了。这样做好的诱饵有很多好处，因为有昆虫和香液的香味，非常吸引鱼儿，而且，韧性强，耐水泡，耐鱼咬，不易脱落，一坨钓饵可连续钓一两个小时钓数十条鱼，不用更换。

天才的神奇创造是下一步。

或许是从孩子们把香蕉叶当做风筝放受到的启发，天才找来一片随处可见的香蕉叶，扎成风筝。然后用露兜树的纤维编成引线，风筝下垂着钓索，索端绑上那团事先做好的钓饵，再把引线绑在船帮上。

一切就都准备就绪了。

天才划着小船逆风急驰，风筝随风腾空而起，在船后距离水面两三米的空中飘舞着，风筝下的钓索沸水而动，钓饵则似飞鱼游荡着。很快，颌针鱼循着香味蜂拥而来，颌针鱼误以为那游荡的钓饵是小鱼，追赶上来，一条颌针鱼一马当先追上后，一口就咬向钓饵，咬住的后果是，被牢牢粘住难以走脱。天才立刻停船，收起风筝，摘下鱼。然后又划动小船，放下钓饵，放起风筝……周而复始，没多大一会就捕获了好多颌针鱼。

我是从一个旅行者那儿听到这个故事的。

用风筝钓鱼，听起来是多么的风马牛不相及。却被那个大洋封闭起来的岛屿上的居民们变成现实。是他们更有智慧吗？我想，答案是未必。我更偏重地认为，是生存的压力逼出来的办法。为了生存下去，他们面对有限的资源，不得不用尽所有的心思，那样一日一日地苦思冥想、绞尽脑汁，终于，发明了这个神奇的捕鱼方法。同时，他们也验证着：既有规则未必是铁规，有时候，打破后便可以见到那个叫奇迹的身影。

天使的歪招

• 菊韵香

第三次参加 SAT 考试，珍妮又考砸了，成绩比前两次还要糟糕。傍晚时分，珍妮闷闷不乐地一走进家门，父亲便微笑着迎来。

“嗨，珍妮，不要灰心，你还有很多机会。”这句话，身为社区志愿者的父亲已说过不止一次了。好在 SAT，也就是美国高校招生考试非常宽松，不说一年要考好几次，只要你愿意，不论是毕业班还是高一新生，都可以坐进考场。而且，校方只会为你保留最高的那一次成绩。也就是说，如果你考了 8 次，有一次是满分，那么，恭喜你，你就是当之无愧的满分考生，“高考状元”。

听着父亲的劝说，珍妮却丝毫高兴不起来：“爸爸，我觉得我很笨，一点都不聪明，就算再参加几次，也不会考出好成绩。我一直在想，我是不是该和我的梦想说再见了？”

珍妮的梦想，是考取普林斯顿大学。普林斯顿大学是美国知名学府，对考生的要求非常高。父亲思忖片刻，想出了个“歪招”：赚取加分。

第二天是周末，吃过早饭，珍妮跟着父亲匆匆赶往城郊。城郊有一座公办老年公寓，住的大多是孤寡老人。平常日子，父亲一有空闲便会到这儿来，或陪老人聊聊天，下下棋，或帮着管理人员整理房间，晾晒被褥。

“珍妮，那位是若斯女士，平素不怎么爱说话。也许，你能让她开心起来。”踏进公寓，父亲抬手指向不远处的凉亭。珍妮看见，父亲口中的若斯女士正独自出神，看上去很不容易接触。事实也是如此，直到珍妮打了招呼在她面前坐下，她连一个字都没说。

“若斯阿姨，我给你说件有趣的事吧。”珍妮天性活泼，很快打破了沉默的僵局，“真的非常有趣。那天，我和琼刚走进教室……”

在老年公寓和若斯女士聊了大约两个小时，父亲又冲珍妮招招手，告辞后去了附近的一家孤儿院。尚未进门，一个六七岁的黑人小男孩便欢叫着扑来：“约翰叔叔，你是来和我做游戏的吧？”

“小约利，叔叔给你介绍个新朋友。我的女儿珍妮。你有什么要求，完全可以跟她提。”父亲拍拍小男孩约利的头，让珍妮带他坐旋转木马。

结束孤儿院的行程后，父亲提出了要求：在抓紧学习的同时，每个周末你必须坚持去老年公寓和孤儿院做义工，绝不能轻易放弃。当然，如果你还想为智障人士服务，或者宣传环保，我都会支持你。包括给生活贫困的人适当捐一些钱。

转眼一年过去，珍妮又参加了一次 SAT 考试，成绩有所提高，但仍旧不很理想。出人意料的是，早已爱上做公益事业的珍妮做出了放弃最后一次考试的决定，全心忙起了另外一件事。

这天中午，珍妮带着一包饼干闯进某家大公司，态度坚决地要求见 CEO，“我一定要见到威廉先生。今天见不到，明天我还会来。请相信，我不会耽误他太多时间，10 分钟，不，5 分钟，可以吗？”

架不住再三缠磨，威廉先生终于答应见见这个搞推销的“不速之客”。一见面，珍妮便从饼干的成分讲到怎样用卖饼干的钱帮助贫困孩子，再讲到公司做善事会对社区造成的良好影响……珍妮的胆略打动了不苟言笑的威廉，他大笔一挥订购了大量饼干。而这笔钱，珍妮全部捐给了慈善机构。

高考结束了。珍妮的成绩尽管并不起眼，却非常幸运地接到了来自普林斯顿大学的录取通知书。原因很简单，美国高校在录取新生时也屡出“歪招”：哈佛大学曾把 165 个 SAT 满分的“高考状元”拒之门外，而普林斯顿大学也曾堂而皇之地给一位 48 岁的流浪汉史迪威发过录取通知书。录取理由：三年间，史迪威虽露宿公园、食不果腹，却一节课都没缺勤，还时常打扫学校厕所和公共浴室。

歪招对歪招，才会有歪打正着。当然，珍妮的录取理由也足以让所有的学生为之信服：“珍妮·怀特拥有一颗纯洁的诚爱之心，是上帝派到人间的天使。她的热情让若斯女士念念不忘；她的善良让小约利不再感到寒冷，即便身在寒冬；她的执着打动了威廉先生，也打动了我们录取委员会的每一个评委的心。”

画在手腕上的表

●老玉米

小时候画在手上的表没有动，却带走了我们最好的时光。

——题记

小时候，由于个头过于矮小，那份自卑让我的性格变得孤僻内向，一个朋友都没有。父母担心我长此以往，会得忧郁症，所以变着法儿地想让我走出家门，和邻居家的孩子们去玩耍。

有一天，父亲故意把我带到门外，然后偷偷地把家门锁上，借故有事先离开了，让我自已先玩一会儿。那些孩子们过来招呼我和他们一起玩儿，我却觉得他们浑身脏兮兮的，没搭理他们，他们把我当成了怪物，对着我指指点点，说一些难听的话。

我气急了，捡起地上的石块儿向他们扔过去，砸到了其中一个小孩的头上，鲜血直流。

受伤孩子的家长找上门来，与父亲理论。父亲自知理亏，小心地陪着不是，说着软话，并赔偿了不少医药费。

我胆怯地蹲在墙角，等着父亲的责骂。可是父亲并没有责怪我，只是，我听到了他很沉重的叹息。那两声叹息，就像两根毛线，缠到一起，纠结出一个无法解开的疙瘩。

我是一个问题孩子。我也想打开自己的心，可是我做不到。我害怕这个世界，害怕大狼狗，害怕闪电，害怕陌生人的眼睛，甚至害怕，自己的影子。还是家里安全可靠，我宁愿锁上房门，让自己独处。

老师来家访，对父亲说起我，“哪都好，就是太孤僻，太不爱说话了，几乎从来不与别的孩子交流。”

老师没有“灵丹妙药”，父母亦无计可施，叹息的声音越来越沉重。而我并不想成为他们的负担，所以很用功地学习，成绩在班级里一直都是名列前茅的，这多少让父母得到一些安慰。

生日的时候，父亲破例给我买了一个礼物——足球。对于我们这个穷困家庭，这真的是一个很奢侈的礼物。我却表现得不那么惊喜，因为足球要好几个人踢才好，而我只有和我自己的影子踢，现在，我已经不再怕我的影子了，它是我唯一的好伙伴。

父亲的良苦用心我倒是懂得，只是我很难走出拥抱世界的第一步。父亲开导我说：“个子矮怕什么，别说你还会长身体，就算不长了，就这么高了，也不代表你就比别人差。潘长江还矮呢，可人家没有看不起自己，还说自己是浓缩的精品，成为红遍大江南北的笑星呢。”

父亲拿出一支圆珠笔，轻轻地在我的手腕上画了一块表。然后对我说：“你看啊，这画在手腕上的手表，虽然不动，却不耽误时间在走啊。”

我没听懂父亲话语的意思，父亲摸摸我的头，接着说："傻孩子，你就是这块画在手腕上的手表，你停留在自己的时间和世界里，不知道外面是何种天气，什么样的景致，我希望有一天，送你一块真正的手表，那样就能和世界同步了。别忘了，这个世界不光只有你自己。你要融进这个世界，才能知道这个世界是多么美好。"

我知道，父亲送我足球，给我画手表，都是想让我走出自己的狭小世界。我想，既然可以不再怕自己的影子，那么也可以不再怕那些活生生的人啊。仿佛被点破了一层窗户纸一样，我开始试着与别人交流。从向同桌借一块橡皮开始，到帮助别的同学讲一道习题，我发现，当我主动与他们交往，他们不但没有排斥我，反而给了我极大的热情，就像那红彤彤的阳光，泼了我满满的一身。我那黑暗的角落，终于金光闪闪。同学们不再把我当孤僻的"怪物"，我回到了阳光里。

终于懂得，不管疼痛还是快乐，都不该一个人。要学会承担和分享，有人与你承担疼痛，疼痛就减轻了一半，有人与你分享快乐，那快乐就成了海洋。

我拿出我的足球，和伙伴们一起奔跑在草地上，那一刻，我感觉到了快乐的风，在我耳边呼啸而过。原来，世界是可以用这样的方式来绽放的啊！

又一个生日的时候，家里的经济条件依然是捉襟见肘。父亲依然没有给我买来一块手表。我学着他的样子，在自己的手腕上画了一块手表。父亲看到了，摸摸我的头说："知道你喜欢，等爸有了钱就给你买一块真的。这个假手表，不会动啊。”

“不，爸爸。它在走动，不信你听。”我把手腕送到父亲耳边，“嗯，是在走动。”父亲应和着我。

我们绝非掩耳盗铃，我们真的听到了它在走动，走得不疾不徐，不卑不亢。那是我的脉搏，永远与世界同步。

直面恐惧，恐惧也就不再是恐惧

●王磊

我对贫穷有着深入骨髓的恐惧。

小的时候，我最怕的就是上学，不是不喜欢课本里新奇的知识，也不是不喜欢小伙伴们追逐打闹的游戏，而是对一些事情充满了恐惧。这些事情里就包括交学费，每到交学费的时候，我就特别不愿意回家和父母张嘴。那些年，父亲因为生意不顺，家里的生活困顿到了极点，不停地搬家租房子住，不停地借债，不停地有债主找上门来。家里常常充满了债主们逼债的叫骂声和劣质的香烟味儿，在这种环境下，我深深地觉得自己向父母要钱交学费是一种非常不好意思的事情。

虽然每次母亲都想办法为我交上了学费，甚至为此将自己仅有的首饰都卖掉了，但贫穷的痕迹深深地烙在我心里，成了我多年难以摆脱的梦魇。尤其是那次，几个债主找不到搬家后的我们，就辗转打听到了我所在的学校，通过学校的喇叭将我叫到了教务室，然后又在我的带领下找到我的家。那一次，我觉得自己像被人扒光了衣服一样赤裸裸地站在烈日下，欲哭无泪。

从那之后，我最不敢面对的就是自己贫穷的家境。如果哪个老师无意中提起我窘迫的家境，我立刻会抱以恨恨的目光；如果哪个同学敢揭我的伤疤，我从此就会跟他断交。我恨贫穷，并且因为深恨着贫穷而让自己变得敏感多疑，怯懦而不可理喻。

后来，我有机会离开家去另一个地方求学。在那里，我感觉我的世界豁然开朗。这里没有人知道我贫穷的家庭，没有人知道我卑微的过去，更没有人会因此伤害我脆弱的内心。为了在大家面前找到尊严，我大方地请同学们吃饭玩电脑，享受着虚荣感不断膨胀的快乐。为了能有更多金钱供我挥霍，我想方设法寻找各种各样的借口让父母给我增加生活费。伴随着我的挥霍无度，父母的生活却是越来越拮据。

有一次，当我回家意外地发现母亲在吃着黑糊糊的不像粮食的东西时，我躲在屋子里哭了一场。我知道父母为我受了多大苦，遭了多少的罪，可我不敢想象如果我不能在同学面前用种种行动来表现我的“富有”，那么我又要变回那个被人轻视的穷小子了！

我害怕再次面对贫穷，于是就用自己的语言和行动吹起了一个虚拟的富有形象。然而，再漂亮的气泡也终有破碎的一天，当我的家庭再也无法承受我的上学费用，我不得不从大学退学回家之后，我彻底由天堂跌落到了人间。在随后整整两年的时间，我开始不得不面对我最不愿意见到的贫穷生活。为了麻醉自己，已经沦落成无业游民的我每天吃完饭就躺在床上不停地睡觉，以此来逃避让人心碎的生活。

但再长的觉，也不可能一直睡下去，我只能直面我的窘迫生活：我只有渐渐年迈下去的父母和一堆的欠债，如果我不做点什么的话，那我的人生将会继续坠落，后果不堪设想！

屋漏偏逢连雨夜，那时的我患上了慢性胃肠病，每天肚子刀绞一般的疼痛让人痛不欲生。我默默地在心里告诉自己——如果现在你死了，那么就像是一只虫子死了一样，没人会在意你。如果你不想像虫子一样死掉，你就必须奋发而起！

从那之后，我开始在别人面前坦然地承认自己在金钱上的贫穷，并且在别人轻视的目光中换来了一份内心的安宁。我承认自己贫穷，但我不甘于永远停留在这样的生命状态，我开始想尽办法四处打工，努力寻找改变生活的机会。

日复一日的努力，年复一年的奋斗，我的生活也终于有了起色。后来，当我帮母亲还完所有欠债的时候，母亲告诉我，她觉得在过去的十几年，那一天的天空是最明朗干净的！听到这话之后，我放下手中的电话，轻轻喝了口咖啡，望着咖啡店外熙熙攘攘的人群，淡然一笑。

恐惧之所以成为恐惧，是因为我们没勇气去面对它。心理学上有一种疗法叫做“暴露疗法”，就是将人放置在令他恐惧的环境里，当恐惧超过人的承受能力之后，被恐惧的事物往往就不再显得那么凶狠丑陋，冷静下来的人就能更冷静地找到克服恐惧的方法了。

直面恐惧，恐惧也就不再是恐惧了。

走自己的路，让西瓜去说吧

● 张旭辉

我喜欢南瓜。

北瓜笨，疙瘩疙瘩，木头脑瓜。一逢到我笨手笨脚做笨事，我先生就会叫我："你这个北瓜！"冬瓜憨，缺心眼儿，喜欢跟人屁股后头瞎起哄，指哪儿打哪儿。电影里那些个心眼儿不全的矮胖子，大多被起名"矮冬瓜"。如果北瓜和冬瓜这两个活宝需要一个首脑，那不用说，一定是伟大的西瓜。

西瓜阴险。本杰明·富兰克林有句名言"唯人与瓜难知"，我估计说的就是它。慈眉善目，大腹便便，一副德高望重的老太爷模样。结果却黑籽白籽不知道，红瓤白瓤不晓得，就跟某些人似的，比如王莽。这位仁兄刚开始还不是礼贤下士，貌似忠良？直到谋朝篡位，把刘秀赶得乱窜，才露出他的黑心黑肺黑肝肠。所以说，有些人是要剖开之后，才能露出真相的。若不剖开，任由你亲亲热热，拍拍打打，当个知己抱回家，也照样给当让你上。

南瓜不笨也不傻，却既不爱出头，也不爱当家——还是个傻。

这样的瓜一般情况下都不知道怎么经营自己，比如搞些宣传，来些炒作，顺便当一当随便什么品牌的形象大使，屁股后头跟一团粉丝；谈几回恋爱，出几回轨，写几本出卖隐私的书，名也有，利也有。它最大的乐趣就是蹲坐在蔓儿上，百事不管，和蝴蝶蜜蜂作伴，默默生长。

人的世界岂非瓜的世界？到处滚动着傻乎乎的北瓜，笨笨的矮冬瓜，不言不语的南瓜和一个一个的大西瓜——使巧，会要奸，会大玩太极推手。圆润通达的身材，圆润通达的心眼，见人说人话，见鬼说鬼话，跟神仙也能坐一起亲亲热热攀亲家。颇像光彩四射的贵妃玉环，又像光溜溜的蛋——满大街走着一个个光溜溜的蛋。它的路是宽的，阳光是亮的，前景是广阔的，一路走一路被夹道欢迎着。南瓜的路就不同了：细的，窄的，荒草横生的，看上去不像有路的。

两个朋友，一个占了西瓜之份，一个被我当成南瓜一般似不存在。西瓜朋友每日里和我呼朋引伴，姐姐长妹妹短，哄着我替她分忧解难。一旦我难关当前，她躲起来不敢露面，恨不能藏到天边；南瓜朋友平时相隔遥远，一年半载也见不着一面，电话也很少打，几无音信。到我父病母老，被做房奴的日子压得喘不过气，原本没想起来要向她求助的，她却风尘仆仆地赶到我面前，手里拿着存折，正告我："尽管用，用多少，支多少，支完拉倒。"

罢了，惭愧。是我这双眼睛认不清黑籽白瓤。其实南瓜它一直存在，就是因为平时不起眼，所以才不怎么招人待见。更可恨的是我这个南瓜朋友走在大街上，连狗都汪汪叫，被我“哈！”一声吓跑。

我自己也一直梦想当一颗光芒四射的大西瓜，结果事与愿违，发现自己越来越变成一粒不起眼的小南瓜。本来在现实世界里就孤寂荒寒，既不爱胡走乱窜，又不爱东聊西聊，既不爱加入社团，又不爱和人拉手拢肩；没想到本性延伸到网络上，照样孤寂荒寒，既不爱聊天，又不爱泡论坛，泡论坛又不爱灌水，屡次被人质疑不热爱自己的“家园”，搞得我很郁闷。

直到看见童话书《当世界年纪还小的时候》里的那段话：“洋葱、萝卜和西红柿不相信世界上有南瓜这种东西。它们认为那是一种空想。南瓜不说话，默默地生长着。”

我来给它改一改：“北瓜、冬瓜、西瓜不相信世界上有南瓜这种东西。它们认为那是一种空想。南瓜不说话，默默地生长着。”

这就对了。各有各的活法。说到底，是西瓜的心机好，还是南瓜的本色好？是西瓜的尊荣好，还是南瓜的平凡好，是西瓜的华丽好，还是南瓜的纯朴好？是西瓜的巧舌如簧好，还是南瓜的闷声大发财好？是西瓜整天被人吹吹拍拍好，还是南瓜悄悄过自己的小光景好？狗有狗踪，猫有猫道，各有各好。这个世界多元化，虽然西瓜永远也做不成南瓜，南瓜这辈子也变不成西瓜，可是，只要人生乐趣所在，想做西瓜的，就做西瓜好。想做南瓜的，就做南瓜好。

那就这样定了：诸位都去做西瓜，我来做个悄悄生长的大南瓜。不是有句名言是这样讲的？走自己的路，让西瓜去说吧。

我就这样被解雇了

●薛兆平

我已经在这家公司上班 3 个月整了，人力资源部通知我和小王说下午老板要请吃饭。

我明白，这是老板要最后拍板决定我们两个人中哪一个会被留下来做经理助理。论资历，我当然要比小王强，我们微机操作不相上下，但我文字处理能力要强他好多，我手上有发表在报刊上的大大小小的文章好几十篇；论人际关系，我当然要比他强，公司上下就属我人缘好，而他竟然冒失鬼一样和两名同事红过脸，更不可原谅的是他竟然固执地坚持自己的观点和女老板争吵，弄得她很生气。人力资源部经理向我透露过，女老板很赏识我，说我有才干，协调能力强。这还用说吗？下午的宴会就是正式决定让我做经理助理的时候了。

吃饭的时候，我被安排坐在老板的左手位置，小王坐在她的右手位置。我们的女老板是个左撇子，她的高脚酒杯总是放到左侧，以至于影响我伸筷子夹菜，只好就近夹点，弄得最后只吃了个半饱，但让我高兴的是，老板兴致很高，把我们两个都表扬了一下，并且特别表扬了我凭一支妙笔，为公司写的文章刊登在了报刊上，影响颇大，是难得的人才。人力资源部经理向我暗做庆贺的动作，我心领神会。

要知道，正式做经理助理这个职位，月薪将是3500元，另外晋升机会更多。就目前状况来看，我是稳操胜券了。

第二天一早我就奔公司而去。人力资源部经理通知我去交接工作，然后到财务结算工资。小王正式做了经理助理。

我大吃一惊，急忙问问题出在哪里。他说："经理对你的能力评价很高，本来打算让你做助理职位的，可昨天下午的酒宴让她改变了主意。她故意把高脚酒杯朝你那里放，妨碍你吃菜，而你竟然不敢大胆地指出来，而是逆来顺受，最终肯定没有吃好吧？于是，她觉得你缺乏大胆革新的精神。另外，她还说了一句话——选择最好的并不一定是最好的选择。"

第五辑

只要心不老，青春永远不会褪色

黄金时代

• 闫荣霞

很小的时候，大约刚记事，哥哥有一次很晚还没有到家。那天的晚饭我也无心去吃，就坐在门外的舂布石上痴痴地等。从夕阳衔山等到暮色四合，又从暮色四合等到夜色深沉。爹娘一次次来叫我，反复告诉我哥哥去干活了，要回来得晚，我都不肯挪动。一直到他风尘仆仆地回来，才放下一颗心。你说，那个时候能懂得什么呢？可是就是怕，怕他从此就不见了，就死了——那个时候，甚至连死是怎么回事都不知道，就已经开始怕死了。

昨晚出门散步，忘了带手机。一回家就听见手机拼命地响。赶紧接起来听，是女儿，她从学校打来，一句话没说出来就哇哇大哭："妈妈，妈妈你去哪儿了！我给你打电话也不接，找你也找不见，给我姐打电话她也不知道，给我姥姥打电话她也不知道，你到底去哪了？呜呜呜……"我又笑又心疼，赶紧道歉，承诺以后出门一定带手机，她又哭了两声，才心有不甘地放下电话。调出通话记录来看，光她的未接电话就有十七通，还有我侄女的未接来电，我母亲的未接来电。没等看完，侄女和母亲已经纷纷打过电话来问，又是好一番解释加道歉。我的女儿二十一岁了，侄女二十七岁，老母亲七十岁，她们也都如我，活在恐惧之中。

那个塞翁，他得了马，就陷入得了马的恐惧之中：“好事后边是不是连带着坏事呢？”直到他的儿子骑马摔断了腿，他才“如释重负”，坏事已经来了，下面就应该有好事了吧？果然，因为摔断腿，儿子免于服兵役。文章写到这里就没有了，喜剧性的大团圆。可是，他的儿子免于死厄是不是又会让塞翁陷入重重忧虑之中，担心着这个好事又蕴藏着什么坏事呢？他这看似智慧的人，岂不是患得又患失，被恐惧笼罩一生？

谁又不像他？富翁担心招贼、绑架；乞丐担心吃不饱、穿不暖；平民百姓担心住不起大房子、吃不起山珍海味、娶不起漂亮老婆。做官的担心反腐反贪，当小兵的担心不能升官，当妈的担心孩子不学好，做孩子的担心爸爸妈妈离婚。打光棍的担心找不着对象，谈恋爱的担心对象出轨……

这股名为“担心”“恐惧”“忧虑”的情绪，会汇聚成一条汹涌澎湃的大河，把所有人吞没，从古及今，几无幸免。

当年读大学的舍友小聚。班主任也到场，致辞时说自己是“年过半百、两鬓斑白”的双百老人，我接着他的话，讲自己是“年近半百、两鬓斑白”的双百老人。我们老三依旧那么年轻漂亮，肌肉紧实，红嘴儿一合一张，一双猫眼闪闪发光，说：“小七，你不能那么讲，我们都还年轻，生命才过了三分之一呢。”其实，我不怕老呀，我也不悲观。

快结束时，每人说一句话算作总结。一个同学刚经历一场生死劫：她去看房，掉进深深的电梯井，全身骨头摔断，差点撮不起来。在往下掉的那一刻，她想，完了，要死了。结果醒过来，居然没死，只是疼。于是，在剧烈的痛楚中，她成了全病房最快乐的一个人。哪怕是半夜里不敢睡，睡着了会重新经历一次高空下坠的恐慌，醒过来一看，原来还活着，仍旧会禁不住哈哈乐。

更要命的是，她的丈夫也掉进深深的电梯井，也周身骨头断，也躺在病房。两个人居然都成了最快乐的人。她说了很长的一段话，说："当死亡到来的时候，发现居然还活着，别提多快乐了。虽然经历了这么多的痛楚，但是我活下来了，太快乐了。"

萧红 1936 年 11 月 19 日从日本东京写给萧军的一封信，信中写："窗上洒满着白月的当儿，我愿意关了灯，坐下来沉默一些时候，就在这沉默中，忽然像有警钟似的来到我的心上，'这不就是我的黄金时代吗？此刻。'……自由和舒适，平静和安闲，经济一点也不压迫，这真是黄金时代……"

经历了情伤、婚变、半夜三更不眠不休地哭泣、一夜头白，如今，我也成了最快乐的人，因为我的恐惧没有了。饿了吃饭，冷了穿衣，病了吃药，就这么简单。吃不起药怎么办？那就死呗，灵魂归乡。

所以，轮到我的时候，接着这个同学的话，我说："过去，我们都渡尽劫波；现在，我们都花好月圆；将来，每时每刻，每分每秒，都是我们的黄金时代。"

真的，从现在开始，步履纷沓而来的每分每秒，都是你的，我的，我们的，黄金时代。

追赶命运的农民

● [美] 帕特里克·斯诺　庞启帆　编译

克利夫·扬，一个澳大利亚以种植土豆为生的农民，他在57岁时决定改写自己的命运。那时他的命运是在他的家庭农场里劳作，每天过着辛苦的生活。然而，克利夫酷爱长跑运动。

他决心以他自己的方式来生活，创造一个新的命运。不久，多雨的澳大利亚的乡村公路上出现了身穿雨衣和胶靴的克利夫进行训练的身影。57岁的年龄、简陋的装备、恶劣的训练环境，对他来说都不是问题，最重要的是追赶他的梦想和创造自己的命运。他从不理会那些嘲笑他的人和那些试图把他驱离到偏僻的公路的司机。他以每天增加20到30英里的距离不间断地进行训练。

1983年5月，经过4年不间断的训练，克利夫·扬震惊了整个世界。在61岁时，他赢得了悉尼至墨尔本距离875公里的超马拉松冠军。跑完这段距离对任何一个年龄段的人来说都是一个壮举，但61岁的克利夫·扬击败了世界上最好的长跑运动员，绝对令人难以置信！多年来，跑步专家认为，一个运动员一天跑完艰苦的100英里后，晚上就需要一定量的睡眠。然而，在比赛的第一天远远落后于其他运动员的克利夫在当晚凌晨一点就起来，开始他的黑夜穿行。最终，他超越了那些习惯在凌晨5点醒来的领先者。克利夫的策略运用得非常好，他继续每天早上比所有的竞争者早4个小时醒来，然后开始跑起来。由于采用了这个大胆的策略，他第一个越过终点线时震惊了世界。经过5天15小时4分钟，61岁的克利夫·扬成为了胜利者。

克利夫获胜的消息迅速传遍了整个澳大利亚。像他这种情况，年纪大，缺乏经验，与世界各国最好的长跑运动员进行竞争的情况下，没有一个人认为他有机会。他成为了一个生命的传奇，整个国家都迷上了这个创造了一个不可能的奇迹的种土豆的农民。谈及奖金，克利夫幽默地说道：“10000美元，哇，那是很多很多的土豆呢！”接着，他又做了一件令人们惊讶的事：和其他付出了准备和努力的竞争者一起分享了他的奖金。

1984年和1987年，在克利夫62岁和65岁的时候，他再次参加了跨国比赛，继续使用他的凌晨1点策略。现在，这种在凌晨1点醒来的策略，在今天的赛事中已经代替了凌晨5点开始的做法。

克利夫·扬打破了一种范式，克服了自我怀疑，并且做到了世界上没有一个人认为有一点可能的事情。更具有意义的是，他改写了自己的命运。他以他的激情创造了纪录，革新了长跑运动的经验模式，给后来的运动员带来了灵感，他没有像其他50岁、60岁、70岁的人被悲观的信念所束缚。而他在改变自己的命运的同时也过上了富足的生活。

花开得意

● 许冬林

春天，坐火车，去一座相邻的城市。不为到达，不为找一个人。只为，看沿途的花开。

火车是老式的火车，绿皮，K字开头，走一城停一城，好慢。就为了这慢。

暖暖的中午，坐在火车窗边，恹恹的。车厢里弥漫着古旧的寂寞气息，大家都不说话，或伏案瞌睡，或低头沉思。那神情，像是在这趟列车里坐了三十年，不曾下来过。火车出站，穿过半个城市，楼丛隐去，城郊近了。看见田地，池塘，村庄，树林，还有嵌在其中的油菜田，大片小片。旅客渐渐从瞌睡和沉思里醒来：转过一个山坳，便全是油菜花了。

油菜花开，金黄，是干净的金黄，纯粹的金黄。远山清秀，只有油菜花在阳光照拂下大气磅礴地绵延，鲜艳，明亮，热烈，仿佛还冒着热气。列车向前，油菜花在窗外的天地之间燃烧，随丘陵起伏，奔腾向远方，吞掉了村郭，吞掉了野林，舔上了远方的天空。心里想起四个字：花开得意。

犹记前年的春天，坐动车，从北京到山西，好快，来不及在车上恍惚一会子。到太原，游晋祠，桃花杏花盛开，一树树燃烧的火。在花下合影，跟女同学合影，也跟男同学合影，勾肩搭背。花开烂漫，蛊惑人心。

只是，至今仍有憾事，未与人提。那一次，在晋祠里，看见一块牡丹的花圃。花苞已经打出来，犹现粉红色，只是未开。一朵都未开，我来得早了。花卉里，大约只有牡丹，开起来最见隆重和得意，像状元及第，打马游街。看牡丹，不看花蕾的羞涩和矜持，就要看它们大朵大朵盛开的气势，看它们花朵欺掉绿叶的得意劲儿。

跨一年，自己祝福自己：花开得意。朋友看见我的ＱＱ个性签名里有“花开得意”四字，好奇问我，有何喜事。哪有多少喜事呢？寻常生活，难有多少大红大绿的快意。更多的是一件又一件不值一提的琐事，琐事连起来，就连成了日子。可是，我不想淹没在琐事里。我希望自己还有一股劲头，像花开一样的劲头，能把每一个平凡的日子都过出情趣来，过出意思来，过出不一般的生动来，过得有一点点的响声和光芒。我不想恹恹欲睡，把一辈子就那么睡掉了。

买一段布，自己动手，将它裁成一件不听话的裙子，穿上身，过长街，心里得意。前年养一株海棠，木本的贴梗海棠，在家里过了两个冬天，今春看它们再挂新蕾，人花两得意。朋友说他的文字被人阅读之后模仿，乃至抄袭，生气之余心有得意……

为看一场铁轨旁边的油菜花开，买票，一个人坐一趟火车，之后想想，自己掩饰不住得意。

其实，每个人的日子都平凡，都平淡，都芝麻绿豆地琐碎。可是，我们要有一种倔强的劲儿，要让每段日子都有花开一般的新。不做木炭，低烧成灰；要做木柴，在成为灰烬之前，有热量也有光芒。身为小女人，不仅要男人欣赏，还要自己欣赏自己，自己用成就感宠自己，哪怕这成就感极小极短。

人生，也就是坐在一辆老式火车上，到达并不陌生的远方。在这趟列车里，长的是琐碎、沉闷、无聊，还有寂寞，但在这恒久的忍耐与温情里，坐下来，记得打开自己，记得看看窗外，终能相遇一片花开的风光。有的一树，朵朵灿烂，不依附，不怯懦。有的一片，千里万里，大气辉煌。都好。花开，便得意。

握紧你信念的斧头

● 陈振林

山里住着一个樵夫，他每天砍柴后拿到集市上卖，以此维持生计，也略有余利。快有10年时间时，樵夫用每日积攒的微利盖了一所像样的房子。人们为樵夫庆幸，因为他可以不再住那低矮潮湿的茅草屋了。

这一天，樵夫背着砍好的柴到集市上卖。可是，不知什么原因，他山里的房子着火了。人们跑过去救火，无奈房子大都用木材做成，而且风势过大，附近没有水源，大家只得眼睁睁地看着整座房子被无情的大火吞噬。樵夫回到家，看到的只是一片焦土。人们不住地安慰樵夫，生怕樵夫伤心。樵夫一言不发，捡了根木棍，在那片焦土里拨弄着，好像寻找着什么。人们以为他在寻找一件珍贵的宝物，一会听到他大叫起来："我找到了，我找到了！"

樵夫找到的只是他的那片斧刀，他随后将木棍嵌进了斧刀，自信地说："只要有这柄斧头，我就可以再建造一个更坚固耐用的房子。”

生活中的我们，肯定会遇到如樵夫房子被毁这样类似的困难的时候，而我们，是否重新拾起了那把斧头，那把写满自己信念的斧头呢？握紧你信念的斧头，你会开凿出一条更加开阔、平坦的人生之路！

不想像蚂蚁那样生活

●抱武

我小时候经常会长久地盯着一个东西发呆，比如一只蚂蚁。别人觉得蚂蚁很勤劳，我觉得它们是傻瓜。

有一次，我见一只蚂蚁衔着一粒麦子死命往自己窝里拽，地上坑洼不平，那家伙真称得上是逢山开路，遇水架桥，回家的路程那样的漫长而曲折。等它到了洞里，我都替它松了一口气，心想，这下该歇歇了吧。哪里知道，一转眼的功夫，大概连擦把汗的功夫都没有，它又匆匆忙忙地出来了。这次它把一只硕大的蜻蜓翅膀像孙悟空扛那把缩不回去的芭蕉扇一样给举回来了。简直跟地主老财似的，聚敛无度。

我还看见过更傻的，那是一只屎克螂，大概所有的屎克螂都这么傻。它们用像铲子一样的前爪把粪一点点收集起来，拍圆，修理光滑，然后开始咕噜噜推着粪蛋上路。乡间土路，人脚尚且不好走，更何况对于一只推着辎重的虫子。下坡可以，到了上坡，手不够用了，它就用脑袋顶，屁股撅起，一点都不惜力。可惜，一下子顶歪，粪球滚了下去，它会一路追赶，然后掉头再推、再顶，如是反复，乐此不疲，或者疲倦了但是并不打算停下来，谁知道呢。

等我后来知道多了一些，才发现它很像西西弗斯。当然，真正的西西弗斯比屎克螂要辛苦多了，他那命定的巨石推上又落下，然后再被他挥汗如雨地推上去，然后再落下，再上，再下……从诞生这个传说为止，直到这个传说在遥远的未来结束，这样的想象，多么让人绝望。

北军大兵直压亚特兰大，守城南军已经退出，斯佳丽提起拖地长裙沿街狂跑，脚步打出这样的节拍："北佬就要来了！北佬就要来了！"是的，北佬就要来了，不跑就没命了，快跑吧，快！快！

近来脑子里总反复出现《飘》里的这个镜头，从来也没有哪一次像这次一样能够真切地体会斯佳丽的恐慌。而且总在心里替她累得喘不过气来，拼命奔跑把北军甩在了身后，却迎来了更为艰难的战争重建时期，度过重建危机之后，爱情的失败又接踵而至。当一切都越追逐越离自己远不可及的时候，恶梦就来了，她在迷雾里跑啊跑，跑得胸膛都要裂开了，也找不到自己一直苦苦寻找的庇身之所，直到梦醒，一切结束，发现自己爱的人原来并不真的是爱，发现自己不爱的人原来才是自己真正需要的，而醒悟太晚，痛悔已迟，再怎样也挽不回那个钢铁一样的男人——瑞特——的心了——那是怎样让人心碎的一刻。禁不住想问一问站在苍烟暮树下的斯佳丽：亲爱的，你这样拼命奔跑，为了什么？又得到了什么？

而年轻的张爱玲，也在出名的路上狂奔，我好像也听到了她的脚步踏出的急促的节拍："出名要趁早，晚了就来不及了！来不及了！"

看到报纸上一句话：你如果二十岁不年轻，三十岁不强壮，四十岁不富有，五十岁不睿智，那你这辈子就别想年轻、强壮、富有和睿智了。号令一出，人人狂奔。真的，脑子里念头在疯狂地旋转：快，快！不年轻就来不及了！不强壮就来不及了！不富有就来不及了！不睿智就来不及了！

南荣趎背着粮食跋涉七天七夜到了老子门前。

当他满身尘土，疲惫不堪地出现在老子面前时，老子问他："你为什么和那么多人一起来呢？"

他悚然回望，只有他自己的影子寂寞地晒在太阳底下。

"没有智慧人们会说我愚钝，有了智慧反而使自身愁苦；不讲仁惠便会危害别人，讲仁惠就会使我自身愁苦；不讲节义便会损伤他人，讲节义就会使我自身愁苦。我该怎样摆脱这样尴尬的处境？"（不知乎人谓我朱愚，知乎反愁我躯；不仁则害人，仁则反愁我身；不义则伤彼，义则反愁我己。我安逃此则可？）

能够这样问的人，已经看到熙熙攘攘的人流里个体生命的深处不想妥协又无法不妥协的无奈和痛苦。

问到深处人孤独。

这么多年，打拼不止。像南荣趎一样裹挟在汹涌的人潮里向前赶路。把自己变成一棵青皮的小树，枝啊叶啊伸向天空，无休止地索要阳光、空气和水分。根的每一个须须都深深扎入土壤，往自己身上源源不断地泵送血液。当智慧、仁惠、节义、妻、夫、子、女按部就班或者不按部就班地一股脑来到的时候，树老了，皮僵了，身上布满了一个又一个的节疤，眼睛一样，看着人生的秋天从容不迫地拥抱住了自己，而阵阵秋寒入骨中，雪埋云护的冬天正向自己漫步而来。午夜梦回，抚着自己的苍颜白发，才晓得了，衰迈真是从头而来。看着睡在旁边的已经不娇的妻或者已经不帅的夫，会从脚底升起苍烟落照之感吧。耳边张雨生在落寞地唱："我是一棵秋天的树，稀少的叶片显得有些孤独。偶尔燕子会飞到我的肩上，用歌声描述这世界的匆促……"

想起我一个朋友说的话来了。他说啊，以前穷得紧，一个出过国的邻居对他说，外国人天天吃鸡蛋，听得馋死了。于是他就发愿，说什么时候我挣了钱，要把第一个月的工资全部买了鸡蛋。现在他四十有余，一个月的工资买一卡车的鸡蛋都富富有余。可是，他说，他不幸福。一个鸡蛋的幸福已经不存在，现在所有的鸡蛋也无法把自己的幸福增加一分了。什么都有了，可是快乐没了，幸福没了。

这个朋友说，我有好多朋友，他们全都有钱，有名誉，有地位，有漂亮妻子和孩子，可是，他们说起幸福来的时候，眼睛里全都含着泪花。把他们的所得和所失放到天平上去称，所得那一头只有轻飘飘的空气啊。

读到一篇文章，一个美国人，有家有妻有子有房有车有工作有地位，什么都有了，那是他多年奋斗的结果，但是他却在自己的生命最强音处戛然而止，不肯再向前迈动一步。他来了个人间蒸发，在他乡的一个僻远小镇过起了流浪汉的生活，唯一陪伴他的是一把轻便折叠椅。每天他就是这样默然端坐，看着面前行色匆匆的人流，靠人们施舍的一点小钱维生。水样的光阴里他做了一个懒汉，不再被洪流裹挟而去，却坐在那里，任凭时间滑过身旁，带走属于他的一个又一个岁月。事到如今，与他休戚相关的，只有流云和微风。

真是的，当得到所有一切的时候，为什么又有人在急着放弃？心里的孤独拱啊拱，无论怎样华丽光鲜的外壳，多么坚固牢靠的铠甲，都可以钻透，缠满，宛如蚕丝绕满了一只虫茧。行走在人群中，回望来时的路，暮色长天，流云彩霞，下面站立的是一个背着破旧的行囊的旅人，满面尘灰，面对自己的坟墓，默然静立，回思无限。

《白雪公主》里那个经典狠毒的后妈的结局是这样的，"她被迫穿上火红的铁鞋跳舞，一直跳到倒在地上死去。"读到这里，不由仰身靠后，盯住天花板发起了呆。一时魔念忽至，觉得天花板上布满了形形色色的穿着烧红的铁鞋跳舞的人们，年龄不同，从髫龄稚子到耄耋老人；表情各异，有的欢欣有的悲戚，有的沉迷有的超然；理由不一，有的为钱，有的为权，有的为情，有的什么也不为只是本性使然，但却都在疯魔一样地转着圈子，气喘吁吁地奔向自己生命的终极。

我想，总有一天，我是要和命运讲和的，放下扛在肩上的行囊，脱掉火烫的落满征尘的红舞鞋，抱膝坐在漫漫流过的光阴里，仰脸恳问命运：亲爱的，我不跳舞，可以吗？

在能力范围外尽情扑腾

●陈志宏

“间隔年”的流行热度还未退尽，“穷游”又冒出来了。所谓穷游，不是搭便车去柏林，更不是打怜悯牌，靠人施舍吃住和购买景点门票，它是在能力范围之外，尽情扑腾。没有在能力范围之外扑腾的野心和本领，最好还是死了那份心，安心找份工作，朝九晚五，也是生活的一种。

穷游，布莱克·莎维德（Brooke Saward）这个来自澳大利亚的23岁姑娘用自己的实际行动，给了世人一个完美的解释。她是抱持“与其执着于想清楚人生下一步怎么走，不如直接走出去，留在路上慢慢想”的态度，开心上路的。

2014年1月，莎维德一毕业，就预定了一张飞往伦敦的单程机票，开弓没有回头箭，她的环球之旅，以游玩为乐的梦想生活，就这样开始了。她一叶独木舟划行在非洲赞比西河上，饱览沿河风光；登临世界最高的澳门塔，高空弹跳；奔驰在爱尔兰乡村公路上，把沿线美景，尽收眼底；回到家乡塔斯马尼亚，在著名的 Overland Track（陆上通道）上，快乐行走；在欧洲做背包客；到复活节岛访古；在南非亲近野生动物；爬智利的火山……

短短两年多时间，莎维德把自己的脚印留在了世界六大洲 50 多个国家，走的路，历的险，赏的景，许多人穷尽一生也只能望其项背。

穷游到了这份上，当属世界之最了吧。细细一想，她年纪轻轻，满世界游玩，钱从哪来呢？如果说游玩是在她能力范围之内的话，那么，挣钱就完全超出她的能力范围了。一场场旅行，莎维德靠的正是在能力范围之外尽情扑腾，才支撑起她开心地“穷游世界”。

莎维德尝试在自己能力范围之外扑腾始于在路上的第四个月，那时，假期打工挣的钱，基本花光，捉襟见肘，旅行难以为继，逼得她只好另想别的办法。她把宝押在了社交网站上，希望通过晒自己的旅行，吸引网友的目光，从而招来财富之神。

她的博客名叫“World of Wanderlust”，一路行，一路记，竟然吸粉 32 万多，平均每月近百万人造访。名人效应发生了作用，博客的广告和附属链接成了她的收入来源。人气越来越旺，收入越来越多，能去的地方更多，甚至有很多代理商来找她进行旅行体验。良性循环，让莎维德渐入佳境。此后，她将自己的旅行笔记，整理成书，出版发行，再次受到了各国驴友们的热捧，不仅收获了更多的书迷，还获得一大笔钱财。

旅行归旅行，莎维德从不逛夜店，省下时间写博客，心无旁骛。能力范围之外，力本有所不逮，经不起浪费，受不了折腾，只能认真且执着地扑腾，才会有所进步，顺利抵达自己所愿之终点。

朋友J的故事和莎维德类似。他是县上的一位领导干部，和我一样，酷爱写作，但他有个弱点，在人前发言颇为拘谨，别人是“人来疯”，他是“人来封（口）”。然而，正是这样默默无言的人，居然凭借自己的才华，受邀请给一家名气颇大的作文辅导机构讲学。他的课，我去听过一次，深受震撼。他站在讲台上，落落大方，谈吐不俗，深入浅出，深受孩子们的喜欢。刹那间，我怀疑自己认错了人，这是平时那个怯场的J吗？

问他为何要讲学，他说，把自己的才能奉献给社会，又能得到相应的报酬，何乐而不为呢？深聊下去，他的一番话，令人深思：“给孩子们讲作文，对作家而言，其实是一条新路子，既然发现了，那就管他能力行不行，不逼一逼自己，怎么行呢？只有这样，才能实现自己的工作自由和财务自由！”我明白，所谓的工作自由就是有能力选择不工作，享受自由。财务自由呢，是不愁钱，随便花钱不心疼。

电影《功夫熊猫3》里师父对神龙大侠阿宝说：“做能力范围内的事，你永远不会进步！”

与其在能力范围内重复单调的日子，不如像神龙大侠那样，到能力范围之外，勇敢地去扑腾，其结果一定会像莎维德那样收获环球旅行，像朋友J那样奔走在通往工作自由和财务自由的康庄大道上！

要进步，想成功，不妨去尝试做一些能力范围之外的事。

永远不要觉得自己老了

●张诗雨

四代同堂，人声喧嚷，儿女、孙儿女、重孙儿女，聚在一起共贺姥姥 80 大寿。祝不完的长命百岁，万寿无疆。欢乐则无人不醉，唯有一人最清醒，就是高居正中，鬓发如银的老人。设身处地替她想，一屋子男男女女，都有一个大好前程可奔，唯有她自己身心俱衰，犹如风吹烛焰，摇摇晃晃，心里哪能没有一丝悲凉。

而且，我知道她还有一桩大遗憾。

大约十年前，姥姥就一直跟我们一起住。那时她已经 70 岁，虽然鬓发花白，却体健神朗。她特别羡慕那些拿着书本的人，因为自己不认字，对识字的人有一种本能的羡慕与景仰。

我半开玩笑地说："姥姥，我教你认字吧。一天认一个，十年也能读书了，管保比他们读得好！"她笑："别跟姥姥闹了，十年！姥姥今年都 70 了。今晚脱鞋上了炕，明儿就不知能不能穿得上。还认什么字！"

我不听，随手拿过一张报纸教她念："今天，本地，大风，降温。”她推辞不过，也跟着断断续续念，还说：“天字我认得……”

此后一连几天，我一回家就教她。可惜人老了，脑力不够，三天才学了一个“今天”，她说太难了，不学了。我也没有再坚持。

没想到十年也不过弹指一挥间，80 岁的姥姥依旧神智清醒，眼目明亮，却也依旧只认得一个“今天”。每天一下班就看见她手里拿着一张报纸，还是颠倒的，在那里默默地浏览。一碰到“今天”她就情不自禁地念，喜不自胜，大有“我会认字”的自豪感。这两个字还起方向盘的作用，一见到这两个字头朝下，姥姥就知道报纸拿颠倒了，赶紧翻过来。

我后悔，姥姥更后悔：“唉！我 70 岁那会年轻的时候，真该跟你学认字，到现在就能读报纸了。”

我吃了一惊。姥姥在说“年轻”——“年轻”到底是一个什么样的概念？

一直以为 70 岁已经衰老，原来相对于 80 岁的老人，仍旧是无可挽回的年轻。就像我已经 35 岁，自觉走过沧海桑田，但是对于姥姥而言，35 岁又是多么苍翠而茂盛的年轻。

我成天都在哀叹时光一去不复返，遗憾镜中容颜不再娇美，让岁月一寸寸过去，却没有想到自己的年轻正在进行中。“现在”的每一天都比将来年轻，如同一串葡萄，每次吃的都是最小的一粒，希望永远在后面。只要自己愿意，任何时候都是年轻。只要肯把眼光往后看，任何时候都能让生命来一场迸发的狂欢。

对于一个 80 岁的老人而言，70 岁时的轻易放手都会让她惊痛，那么，正当盛年的无聊哀叹，在暮年将至，将有多么排山倒海的悔恨?

印度近代大学者毛鲁纳·阿里·唐维就是一个范例。他的一生无比丰富多彩：开办了学校，培养了许多人才；夜以继日地编教材和写书，从启蒙课本到百科全书大辞典，他的书翻印了数千万册，在全世界广泛流传；他还每天回复四面八方的来信，从不让远方的年轻人盼望落空。

他的一生过得如此紧密而圆满。人们问他为什么会成就斐然，他的回答十分简单：“永远不要觉得自己是老了，永远珍惜宝贵的时间。”

爱阅读的农民父亲

● 李良旭

儿子出生了，我将父亲从乡下接到城里帮忙照顾下孩子。父亲风尘仆仆地拎着大包小包过来了，他将我给他准备的一间房间仔细看了看，淡淡地说了句："你把这张沙发弄走，给我摆一张写字台在这里。"

我疑惑地问："您要写字台干吗？"

父亲打开一个包，从里面拿出一摞书，说："我闲下来的时候，可以看看书、写写东西，没有写字台，我生活不习惯。"

我"扑哧——"一下笑出声来，笑道："爸，您一个种田的农民，看什么书？"

父亲脸上露出不悦的神色，道："你说的这是什么话？我虽然是一个农民，可是，学习、阅读，却几乎陪伴了我一生，你忘啦？乡下老屋那张写字台，那时，我俩常常趴在一张桌子上学习，有时我俩还为对方桌面占多了，争吵不休呢。自从你到城里上大学，就再也没有人和我争写字台了。那张写字台虽然破旧了，却是我最心爱的宝贝，它陪伴我度过了一个个学习的时光。如果每天不趴在上面写写画画，我会感到日子过得很无趣。”

听父亲这么一说，我想起了乡下那张写字台。那是一张灰褐色的写字台，斑斑驳驳，桌面也有许多坑坑洼洼的地方。上学了，父亲将写字台的三个抽屉，清理出一个给我。后来我上中学了，书越来越多了，父亲又将另外两个抽屉也给我用了，他将他的书放在两只纸盒子里。父亲说道：“小子，这三个抽屉只是暂时给你用，等你将来考学走了，还要还给我！”我不觉好笑，心想：这破写字台我才不稀罕了，送人都没人要。

父亲坚持要我给他弄一张写字台，我只好在旧家具市场买了一张写字台回来。父亲看了，用手抚摸着光洁的桌面，嘴里不住地啧啧称赞道：“这么漂亮的写字台，要花不少钱吧。”我支支吾吾的，终于没有说出口。这张写字台，在旧家具市场，只要20块钱。

有了这张写字台，父亲的心一下子安定下来，他将从乡下带来的书放进抽屉里。桌子上，放着几本书、几支笔，还摆放了一个小花盆。顿时，这屋子里，溢满了淡淡的书卷气。

除了带孙子，没事时，就坐在写字台前，戴上老花镜，安安静静地在那看看书、写写字，像个知识分子。

一次，我好奇地翻看着父亲看的书。这一看，让我暗暗吃了一惊，这些书是《傲慢与偏见》《老人与海》《忏悔录》《百年孤独》，还有《周礼》《管子》《庄子》《老子》和《新民主主义论》……说老实话，这些书我几乎都没有读过，没想到，我的农民父亲竟读这些书，那一刻，我突然有点自惭形秽了。看得出，父亲读得很认真，书上圈圈点点地做了很多记号，许多字上还注了拼音。

父亲只是一个普通的农民，他一生中，除了种好田，最大的爱好几乎就是阅读。阅读，几乎伴随了父亲的一生，几乎从没有间断过。喜爱阅读，虽然没有给父亲带来什么，但在他身上，除了散发着一种泥土的馨香，还有一种浓浓的书卷气，这也是我这个农民父亲身上的一种特别的味道。

父亲带孩子很辛苦，我时常给父亲买件衣裳，或者买些营养品。父亲见了这些东西，似乎没有一丝喜悦，随手往旁边一放，嘀咕道："这衣服我穿不惯，还是我身上这老粗布穿得贴心；我粗茶淡饭吃惯了，你给我买这些营养品，我可吃不惯。"

妻子悄悄埋怨道："公公真难孝敬，这也不要，那也不要，让我们怎么过意得去？"

一天，父亲递给我一张纸条，说道："孩子，能到书店给我买下这几本书吗？"

我接过纸条，只见上面写着《平凡的世界》《蛙》《活着》等几本书。我从网上下了订单，几天后，快递就将这些书就送了过来。

父亲惊喜地捧着这些书，还放在鼻子下嗅着油墨馨香，像个孩子。父亲忽然说道："孩子，我也不要你们给我买什么衣裳、营养品的，每月如能给我买几本书就行了。"

妻子惊讶地说道："我家公公真好孝敬，买个几本书就打发了！”

日子就这样一天一天平静地过去了。父亲在我们身边带孩子，从没有感到空虚，或者有什么不适应感。父亲常常喜不自禁地说道：“我真幸福，在这里，我读到这么多好书，我感到每一天过得都很充实、很幸福。”

我的那农民父亲，一生热爱阅读，阅读，成了他人生最大的幸福。

爱，永远不晚

●赵盛基

哈丽特·汤普森是美国的钢琴演奏家，晚年爱好跑步，每天都围绕社区附近的小湖绕圈慢跑。76 岁那年，她第一次参加了马拉松比赛，之后，除了 2013 年因口腔癌手术住院外，每年都参加圣地亚哥马拉松赛。

2014 年的圣地亚哥马拉松赛定在 6 月 1 日，已经 91 岁高龄的哈丽特又报名了，这将是她连续 16 年来的第 15 次参赛。然而，就在比赛前 1 个月，她的皮肤癌复发，不得不又住进了医院，接受放射治疗。直到比赛前 1 周，她才拖着肿胀的双腿出院，她的心里牵挂着比赛。

比赛那天，她与来自世界各地的数万名马拉松爱好者一同出发，沿途，所有的观众都为她加油、鼓劲。毫无疑问，她已经是明星级选手了。

前 13 公里，她跑得很轻松，之后，临界点到来，加之病魔缠身，她感到了吃力。放弃，还是坚持？稍一犹豫，她立即打消了放弃的念头，继续跑步前进。此时此刻，她的脑子里浮现出了弹钢琴的情景：十指起起伏伏地敲击在琴键上，时而舒缓，时而悠扬，起伏跌宕，行云流水，多么像在无拘无束有节奏地奔跑啊！一路上，她边跑边默弹着肖邦的一些钢琴练习曲。顺着曲子的节奏，她的步伐轻盈、稳健。她说："肖邦的这些曲子技术难度高，节奏快，能刺激我跑快点。想象着曲子，时间仿佛也过得更快了。"

看见比赛的终点了，像演奏进入了高潮一样，哈丽特满脸笑容，激情澎湃，步子更加坚实。7 小时 7 分 42 秒，她张开双臂，冲过了 42.195 公里的终点线，创造了美国女子 90 岁以上年龄段的新纪录。

就在冲过终点的那一刻，医护人员、媒体记者、观众蜂拥而至，瞬间把她包围了。医护人员问她感觉如何？她说："我感觉好极了，也非常轻松，我为自己感到骄傲。"媒体记者问她有何感想？她说："对于马拉松，永远不要说太迟。如果你能参加比赛，就会从中得到无穷的乐趣。如果明年这时候我还活着，一定还来参加比赛。"

要问她为什么这么执着？当然，这是她的爱好。但还有一个重要的原因，就是为白血病等癌症患者募集善款，至今，她已经募集了 9 万美元。她说，这是她作为一个癌症幸存者的一个心愿、一点爱心。

正如她所说的"对于马拉松，永远不要说太迟"一样，爱，永远不晚。

第六辑

拒绝退缩，就等于奠定了赢的胜局

处境与心境

●周海亮

某地一个煤矿塌方，五名矿工被困在井下。

他们被挤在一个很狭小的空间里，黑暗，潮湿，空气稀薄。好在那里有一个浅浅的水坑，水坑里大度地渗出些肮脏的淡水。这使得他们的生命，得以暂时地延续。

五个人中，有一个是在井下工作了二十多年的老矿工，其余四人，全是刚下井时间不长的小伙子。已经挺过了两天，仍然没有会被搭救的迹象，他们开始绝望。尽管黑暗中谁也看不到别人的脸，但他们可以听到不断有人发出绝望的叹息。当恐惧的时间抻长，恐惧就变成了更加可怕的绝望，好像所有人都在等待死亡。

突然，老矿工轻轻地咳了一声。

老矿工说："你们听说过十几年前的那次塌方吗？"

四位小伙子当然听说过。那次塌方被很多人很多次地讲起。他们还知道，那次塌方死了很多人。

老矿工接着说："可是你们不知道吧，我是那次矿难的幸存者之一。”

的确，他们不知道。——他们很少和老矿工聊天。

“那次，我熬过了八天。没有吃的，没有水，没有光。可是我还是熬过来了。知道我是怎么熬过来的吗？”

老矿工感觉到黑暗中的四双眼睛，突然闪现出光芒。

“是啊，你吃什么呢？”有人问。

老矿工却不答。

“会不会挖蚯蚓吃？这里有蚯蚓吗？”有人硬撑着站起来，点亮唯一的一盏矿灯。他在水洼边，真的挖出了几条蚯蚓。

“水呢？”有人问。

“这不用管。”有人回答，“现在，我们不是有水吗？”

“就算你吃蚯蚓，可是你不害怕吗？又没有光……”

“这也不用管。”又有人回答，“我们现在还有一盏矿灯，我们幸运得多。”

“不管怎么说，这八天时间，也太漫长了吧？”有人问，“你会做些什么呢？只是躺在那里吗？”

老矿工仍然不答。事实上，自从他抛出了一个问题后，就一直保持着沉默。

“我们可以这样。“有人建议，”每人轮流讲故事，讲得有趣些。说不定这样可以让时间过得快一些。”

于是他们开始讲故事。除了睡觉的时间，他们都在讲故事或者听故事。现在他们没有时间绝望，或者，他们为什么要绝望呢？有人在没有伙伴、没有食品、没有水、没有光的矿井下熬过了八天，现在这个人就在他们中间，为什么要绝望呢?

最终他们得救了，在被困井下的第五天。当然，每个人都很虚弱。可是救援人员发现，当他们被救出时，脸色都很平静。从他们的脸上，看不到丝毫的恐惧，绝望，以及突然获救的无所适从。他们就像在那里等待一辆晚点的班车，现在，班车终于来了。

几天后，四个小伙子找到老矿工，对老矿工表示感谢。他们说："假如没有你的经验，也许，我们都会死在深深的地下。"

"可是我没有给你们任何经验啊！"老矿工说，"除了轮到我讲故事，我不是一直都在沉默吗？其实，找蚯蚓，讲故事，给自己信心，不都是你们想出来的吗？你们应该感谢的，其实是你们自己啊！"

四个小伙子想想，也是。不过他们对老矿工能独自一人在黑暗的井下挺过八天仍然赞叹不已。现在他们急于弄明白的是，这个老矿工，他是怎么熬过那八天的?

"我根本没有经历过那次矿难。"老矿工说，"那几天我正在休假。……在井下熬过八天，实际上是我虚构出来的。"

一个虚构出来的故事，将四个年轻人挽救。只因为，他们坚信，曾经还有比他们正在经历的更为可怕的灾难。有人从那样的灾难里挺了过来，并且这个人就在身边，这样的事实，给了他们无限的信心。

其实环境并没有改变。改变的，只是人的心境。

只要坚信还有比眼前更恶劣更可怕的处境，只要坚信有人曾经在那样的处境里挺过来，生活中，就不再有绝望。

最完美的礼物

● 澜涛

2001年5月，英国伯明翰大学的考古学家泰勒教授和其他4个人从埃及境内的撒哈拉沙漠边缘的锡瓦城出发，深入沙漠腹地200英里，对萨佛拉沙漠中新发现的一座古墓进行考察。

考察队在当地向导的带领下，分骑5峰骆驼前往萨佛拉沙漠。出发前，他们带上了足够的食品和6塑料桶的水。为了方便路途中用水，泰勒还带上了一只羊皮水囊，这只水囊一次能灌入15公斤水，为防万一，泰勒还带上了一支手枪。

三天的跋涉后，考察队到达了目的地，又经过两天的考察，考察队踏上了归程。

5月11日中午，天空中突然涌现出巨大的蘑菇云，随着黄色蘑菇云的翻滚逼近，刚才的晴空万里顷刻间灰暗阴沉，5峰骆驼惊骇得踌躇不前。

"沙暴！"泰勒大声呼喊着，"快下骆驼，用睡袋罩住头！"

罕见的特大沙暴持续了将近40分钟，这期间天空中雷声隆隆，风力足有10级，却没有落下一滴雨。沙暴的呼啸声渐渐减弱了，人们陆续掀开头上的睡袋。昏暗的天空中逐渐出现了亮点，接着呈现出橘红色，几分钟后，尘埃落定，风停日出，沙漠又恢复了死一般的寂静和燥热，就像刚才什么事都没有发生过一样。

“骆驼呢？”有人惊叫着！人们这才注意到，因为刚才只顾躲避沙暴，没顾得上照看骆驼，骆驼在沙暴肆虐时惊逃掉了，不见踪影，并驮走了食品和水。大家开始寻找。半个多小时后，只捡到了一箱饼干、几袋牛肉松、一些鞍子和行李。

在浩如烟海的沙漠里，可以三天不吃东西，但不能一天不喝水。而失去骆驼的考察队，已经难以按照预期返回起点。队员们被绝望啃噬着。突然，向导在一块突兀的石块前发现了那只羊皮水囊。显然，这是骆驼在沙暴中奔跑时被这块石头绊倒过，水囊落到了地上。极度干渴的吉森抢先冲上前去抱起水囊，迫不及待地就要喝水，向导一把抢过水囊：“这是我找到的，凭什么你先喝？”“水是大家的，你……”吉森毫不示弱地和向导争抢起来，其他人随后也都加入到了争抢之中……

“都不许动，把水囊给我！”平时和蔼可亲的泰勒突然拔出手枪，以不可抗拒的口吻厉声喝道：“从今天起，由我决定水的分配。我保证，只要大家服从我的指挥，我们就能活着走出沙漠。”

泰勒从水囊中倒出一杯水，宣布道：“从今天开始，我每次从水囊中倒出一杯水，每个人只能喝两口，谁也不许多喝。”吉森怒不可遏地问道：“为什么一次只给一杯水？你是存心要把我们渴死。”麦克斯也咄咄逼人地问：“教授，你也只喝两口水吗？”

泰勒平静地说道：“我只喝一口。”

杯子最先递到了向导手中，向导喃喃自语地说了一句“感谢真主”后，极其慎重地喝了第一口水，然后足足停了20秒钟后，才喝第二口，那样子宛如在品尝世界上最醇美的甘露。轮到吉森了，他毫不客气地喝了两大口水……杯子最后轮到泰勒手中，他只轻轻地抿了一口水，然后将杯中剩下的一点水倒回水囊中。

沙漠里的气温徒然升高到50摄氏度以上，太阳像一顶烧得发烫的钢盔扣在大家头上，遍地的黄沙似乎都要融化了，焦渴很快又啃噬起每个人。吉森忍不住叫喊起来：“教授，我的喉咙在冒烟了，再给我点水喝吧！”泰勒似乎没有听到，没有任何反应，没有停下沉重的脚步，只是悄悄地握紧了手枪。突然，走在前面的吉森猛地向泰勒冲过来，要抢夺水囊。“砰”，随着枪响，子弹射在了吉森脚前的沙地上，吉森怔住了，他没有想到泰勒真的会开枪。泰勒将枪口对准了吉森的胸口，吉森悻悻地回到了队伍中。

夜晚来临了，温度很快就降到10摄氏度以下。由于骆驼带走了帐篷，大家只能蜷缩在睡袋里过夜。泰勒守着水囊，一夜没有合眼。

拂晓，队伍又开始了跋涉。

第三天下午，队伍突然遇到两个附近一座磁铁矿的守矿工人。两天前的那场沙暴卷走了他们的帐篷和全部生活用品，他们靠着一袋椰枣和舔取对方汗渍坚持了两天，过度的缺水已经使他们接近虚脱，两个人的舌头都肿了，呼吸极其困难。只有水才能够挽救他们的生命。可是，水囊中的水已经不多了。

水已经成为支撑生命、延续生命的唯一希望，挽救两个人，就要增加两个人分享重如生命的水。所有人的目光都集中到那只水囊和泰勒身上。生死相对，善爱与卑私相对，空气仿佛凝固了……

终于，泰勒解下水囊，准备救这两个素不相识的矿工。早已经被干渴折磨得要发疯的吉森忍不住了，用嘶哑的声音喊叫道："不许倒水！"其他人也都叫喊着，不让泰勒倒水。

"谁敢上来！"泰勒举起了枪……

两个矿工得救了，指出了考察队走错了方向。这意味着，更长的路需要坚持下去，更大的艰难等待着面对。

一连三天，因为每次都只喝一小口水，泰勒已经感觉到头晕目眩，全身乏力。他开始担忧起来。第4天早晨，人们都醒来的时候，泰勒已经倒好了大半杯水，分喝了水后，泰勒宣布了新的用水规定："从今天起，不到万不得已，不得动用水囊中的水！"没有人反对，因为泰勒每次喝水比谁都少大家有目共睹。

下午，考察队发现了一块颇似宝塔的岩石，向导惊叫起来："我们快到锡瓦城了！"一直萎靡不振的队伍开始活跃起来。吉森回头朝走在队伍最后的泰勒喊道："教授，明天就要回到锡瓦了，我们可以喝点水吧？"的确，一行人一个上午都没有喝过水了。泰勒却没有什么反应，身体踉跄着就要摔倒，吉森跑过去扶住了泰勒。泰勒将手枪递给吉森，声音颤抖着叮嘱着他：“你接替我……负责……水囊……”泰勒又低声对吉森说了什么后，就晕倒在吉森的怀里。

有人提议给泰勒喝口水。吉森拒绝了，他命令大家轮流背着泰勒继续赶路，自己提着手枪和水囊走在队伍后面。走了一段路后，有人提出要喝水，吉森毫不犹豫地说道：“还不到时候。”此后，吉森一直拒绝着人们提出的喝水请求，执着地守护着泰勒的委托。

5月16日中午，考察队遇到沙暴的第5天，这支历尽艰辛的队伍终于顶着烈日回到了锡瓦城。直到这个时候，吉森也没有再让大家喝过一口水。有人抱怨吉森比教授更苛刻。吉森什么也没有说，只是打开了水囊的盖子，将水囊口朝下，一堆黄沙被倒了出来……

原来，在第4天早晨，大家喝完那杯水后，水囊里就已经没有一滴水了，看上去依然鼓鼓的水囊，是因为泰勒悄悄地装进了一些沙子。

支撑一个人穿越生死的可以只是一种精神，支撑一个人跋涉绝境艰难求生的，也可以是一种精神，那就是燃烧着的生的希望，而泰勒的精神却只是一个字——爱。

2002年的圣诞节，这些死里逃生的人们在被追问一生中得到过的最好的礼物的时候，都不约而同地回忆起那次历险，继而不约而同地说着同一句话：“泰勒教授的骗局是世界上最完美的礼物。”

败军之将可以言勇

● 张旭辉

“败军之将不足言勇”，这句话听起来像台词。两军对垒，上将对敌，战胜的一方威风凛凛，用这句话当枪，专拣那战败之人的肋条骨来捅。或是将军跨马远征，周围群众围观兼挖掘将军曾经战败过的私隐，再看他的眼神就带了些讽刺与怜悯，有那一等酸秀才就会在嘴里悄悄嘟囔“败军之将不足言勇”……

这话荒谬。

世间哪有常胜王？读大学时，我一个同届同学足足比我大八岁，因为他高考失利，一气连考八年。若是一次败了便不去言勇，就没有第二次、第三次、第四五六七八次，他也就不会当上大学生，后来也不会考研成功、考博成功、留校成功，也就不会在二十多年后，作为资深的专业领域带头人，迎来属于自己的鲜花和掌声。败而言勇，才使他成为人生战场上真正的英雄。

而且败军之将，不言勇言什么？

打了胜仗的人，所言主题不是勇，而是智，否则被胜利冲昏头脑，怎么死的都不知道；败军之将所言的头一个主题必然是“勇”，这是肉中的一根钢骨，没有它的支撑，想重新站起根本是做梦。

曾国藩率湘军同太平军作战，打一仗败一仗，上疏皇上，明报战况，自请责罚，奏疏里面有一句话：“臣屡战屡败。”一个幕僚很聪明，建议他把字序改动一下，把“屡战屡败”变成“屡败屡战”，结果曾国藩不但没有受罚，反被褒奖。屡战屡败的人遭人嘲笑，屡败屡战的人却受人尊敬，因为每个人的心里都尊重不肯言弃的英雄，所以有个词才叫虽败犹荣。

若你是那败军之将，双方对阵骂战，对方骂你“不足言勇”，万不可被对方三捅两捅就捅漏了气，否则他就占了你失去信心的便宜；也万不可被气疯失智，否则他就占了你脑瓜一热不讲智谋的便宜。干脆保持平常心，当他唱歌给你听，且看最后谁能得胜。

至于两姓旁人冷嘲热讽，说你是“败军之将不足言勇”，你若肯上心，恭喜你还得再败——不是败给悠悠众口，而是败给自己的脆弱与虚荣。

面对无敌强悍的命运，每个人都是曾经战败过的将军，所以不是“败军之将不足言勇”，而是败军之将可以言勇，不言勇则不能翻身；败军之将必须言勇，不言勇则不能转败为胜。

最后一课（节选）

● 郑振铎

默默无言的坚定的人们，所想到的只是如何抗敌救国的问题，压根儿不曾梦想到“环境”的如何变更，或敌人对华政策的如何变动、改革。

所以他们也有一贯的计划，在最艰苦的情形之下奋斗着，绝对的不做“苟全”之梦；该牺牲的时机一到，便毫不踌躇地踏上应走的大道，义无反顾。

12 月 8 号是一块试金石。

这一天的清晨，天色还不曾大亮，我在睡梦里被电话的铃声惊醒。

“听到了炮声和机关枪声没有？”C 在电话里说。

“没有听见。发生了什么事？”

“听说日本人占领租界，把英国兵缴了械，黄浦江上的一只英国炮舰被轰沉，一只美国炮舰投降了。”

接连的又来了几个电话，有的从报馆里的朋友打来的。事实渐渐地明白。

英国军舰被轰沉，官兵们凫水上岸，却遇到了岸上机关枪的扫射，纷纷地死在水里。

日本兵依照着预定的计划，开始从虹口或郊外开进租界。

被认为是孤岛的最后一块弹丸地，终于也沦陷于敌手。

我匆匆地跑到了康脑脱路的暨大。

校长和许多重要的负责者们都已经到了。立刻举行了一次会议，简短而悲壮的，立刻议决了：

“看到一个日本兵或一面日本旗经过校门时，立刻停课，将这大学关闭结束。”

太阳光很亮地晒着，街上依然的熙来攘往，没有一点异样。

我们依旧在摇铃上课。

我授课的地方，在楼下临街的一个课室，站在讲台上可以望得见街。

学生们不到的人很少。

“今天的事，”我说道，“你们都已经知道了吧？”学生们都点点头。“我们已经议决，一看到一个日本兵或一面日本旗经过校门，立刻便停课，并且立即将学校关闭结束。”

学生们的脸上都显现着坚毅的神色，坐得挺直的，但没有一句话。

“但是我这一门功课还要照常地讲下去，一分一秒也不停顿，直到看见了一个日本兵或一面日本旗为止。”

我不荒废一秒钟的工夫，开始照常讲下去。学生们照常地笔记着，默默无声的。

这一课似乎讲得格外的亲切，格外的清朗，语音里自己觉得有点异样；似带着坚毅的决心，最后的沉着；像殉难者的最后的晚餐，像冲锋前的士兵们上了刺刀，“引满待发”。

然而镇定，安详，没有一丝的紧张的神色。该来的事变，一定会来的。一切都已准备好。

谁都明白这“最后一课”的意义。我愿意讲得愈多愈好；学生们愿意笔记记得愈多愈好。

讲下去，讲下去，讲下去。恨不得把所有的应该讲授的东西，统统在这一课里讲完它；学生们也沙沙地不停地抄记着。心无旁用，笔不停挥。

别的十几个课室里也都是这样的情形。

对于要“辞别”的，要“离开”的东西，觉得格外的恋恋。黑板显得格外的光亮，粉笔是分外的白而柔软适用，小小的课桌，觉得十分的可爱；学生们靠在课椅的扶手上，抚摩着，也觉得十分的难分难舍，那晨夕与共的椅子，曾经在扶手上面用钢笔、铅笔或是铅笔刀，有意识或无意识地涂写着，刻划着许多字或句的，如何舍得一旦离别了呢？

街上依然的平滑光鲜，小贩们不时地走过，太阳光很有精神地晒着。

我的表在衣袋里滴滴答答地走着，那声音仿佛听得见。

没有伤感，没有悲哀，只有坚定的决心，沉毅异常地在等待着，等待最后一刻的到来。

远远的有沉重的车轮辗地的声音可听到。

几分钟后，有几辆满载着日本军的军用车，经过校门，由东向西，徐徐地走过，当头一面旭日旗，血红的一个圆圈，在迎风飘荡着。

时间是上午 10 时 30 分。

我一眼看见了这些车子走过去，立刻挺直了身体，作了立正的姿势，沉毅地合上了书本，以坚决的口气宣布道：

“现在下课！”

学生们一致地立了起来，默默地不说一句话，有几个女生似在低低地啜泣着。

没有一个学生要问的，没有迟疑，没有踌躇，没有彷徨，没有顾虑。个个人都决定了应该怎么办，应该向哪一个方向走去。

赤热的心，像钢铁铸成似的坚固，像走着鹅步的仪仗队似的一致。

从来没有那么无纷纭地一致地坚定过，从校长到工役。

想跳舞谁也拦不住

• 李静

她是一个钢管舞者，钢管上留下她飘逸灵动的身姿，然而她又是一个特殊的舞者，身高只有 85 厘米，可这并没能阻止她跳舞的梦想，还让她跳出了人生的自信和精彩。

1989 年，她出生在美国明尼苏达州。4 岁时，母亲发现她总喜欢躲在衣帽间里对着穿衣镜扭动身体。她可爱的表情、滑稽的动作令母亲忍俊不禁，母亲好奇地问她在做什么，她却说自己是在跳舞。

母亲看她喜欢，就把她送进了舞蹈学校，没想到她身体的柔软度非常好，天生就适合做一名舞者。凭借着对舞蹈的热爱，她训练很刻苦，进步也非常快。父母也经常带她去看舞蹈表演，希望有一天她能站到舞台上，成为美国舞蹈界一颗冉冉升起的新星。

可那一天却在父母的期望中渐行渐远，随着年龄的增长，父母发现她的身高比同龄的孩子都矮。父母担心她的身体出现问题，就带她到医院做了体检，没想到体检报告上赫然写着她患有侏儒症。

这突如其来的打击毁掉了她原本美好的一切，父母不让她再去舞蹈学校，可懵懂的她并不知道身材矮小会对她的人生有什么影响。她没有听从父母的安排，而是更加刻苦地训练，她认为只要自己努力，父母就会支持她。

这只是她单纯的想法，结果是不仅父母阻止，就是老师也认为无论她怎么努力都是徒劳，不愿意再教她了。她被迫离开舞蹈学校，成为舞者的梦想在那一刻戛然而止，不仅如此，她的身后也总会传来窃窃私语，甚至嘲笑她的身高。

她的人生瞬间布满阴霾，她也不敢再去接触有关舞蹈的一切。随着梦想的大门被关闭的一刻，她的心也开始沉沦。

18 岁生日那天，父母为了让她开心，请了她的朋友为她庆祝。她正沉浸在这欢乐的气氛中，不知哪个朋友把电视节目转到了舞蹈大赛。看到屏幕上翩翩起舞的舞者，她马上把眼睛移开。可朋友们丝毫没有注意到她的举动，反而热烈地讨论起来。当她从朋友口中得知，那名获得冠军的舞者使用的竟是假肢时，她被深深震撼了。

回想起自己也想做一名舞者的梦想，再看看电视中站在最高领奖台上的那位舞者，她的心变得无比坚定。这一次，她没有理会父母的阻拦，辗转去了多家舞蹈中心推荐自己，可当她说出心愿时，矮小的身材竟让她连展示的机会都没有。

可这一次，无论遭受怎样的拒绝，她都不想再放弃。每家舞蹈中心她都至少去过三次，都被拒绝后她会再去下一家，她想美国有那么多舞蹈中心，只要有一家愿意教自己就是成功。在她的不懈努力下，终于有一家舞蹈中心的老师被她的执着打动，让她现场跳了一段舞蹈。她拼尽了全力，淋漓尽致地跳出了心中对舞蹈的热爱，可结果没有丝毫改变，她跳完后，老师却在摇头。

她知道又失败了，准备前往下一家舞蹈中心。还没走出门口，老师叫住了她，说她的基本功很扎实，身体的柔韧性也非常好，建议她试试钢管舞。她兴奋不已，没想到自己终于又可以跳舞了。

在距离成为舞者的梦想更近一步时，她也开始担心这会不会又是一个短暂的梦，可即使这样，她依然为了这个梦而努力着。两年后，她第一次跟随舞蹈中心到美国各地巡回演出。她自信的微笑、精湛的舞技为她博得了经久不息的掌声，观众不仅没有嘲笑她，反而被她身体里爆发出的无穷力量深深感染。

那一刻，她的梦想绚丽绽放。她，就是坎塞西·卡西，身高只有 85 厘米的最矮钢管舞者。

有人问她为什么要坚持做一名舞者？卡西淡然地说："成为舞者是我的梦想，我虽然患有侏儒症，但想跳舞谁也拦不住，我同样可以跳出属于自己的精彩人生。"

想跳舞谁也拦不住，就像黑夜永远无法阻止黎明的到来。只有忠于梦想的人，才能让自己在璀璨的人生舞台上熠熠发光。

走下去，前面还是你的天

• 王国军

汤恩·罗伯特是个旅行家，他最大的梦想就是沿着中国的边界徒步走一圈。他认为这是一次史无前例的野外旅行。为了这个梦想，他整整做了一年的准备，在正式离职以后，他认为时机已经到了。

背上厚厚的旅行包，他从新疆出发，不几日，就走了200多里，每天他都会给家里人联系，报告旅行的最新进程。

可他没料到，一场巨大的龙卷风席卷而来。为了活命，他只得扔下了他的旅行包，跑到一棵树上，死死地拽住树干，但仍没有幸免。两个小时后他才发现自己被龙卷风刮到了一片不毛之地，除了挎在身上的一个小包，他的一切生活用品都被龙卷风带走了，他几乎变得"一无所有"。更为糟糕的是，他的手机也没电了，这就意味着他将得不到任何援助。

恶劣的环境再加上食物的短缺把汤恩·罗伯特推到了绝境。此时，汤恩·罗伯特清楚地知道，如果不能走出这个无人区，他将很难再见到家乡的太阳。

为此，他不得不强行逼迫自己向前走，累了就倒在路上小睡一会，醒来了就继续向前。没吃的东西，他只得寻找无人区里那些仅存的稀有小草，抹一把就塞进嘴里。挎包仅有的一瓶水，他只在渴得无法忍受的时候去舔一下，在最艰难的时候，除了靠信念的维持，他别无所托。

夜晚很快来临，因为是无人区，气温从白天的 30 多度下降到零下 5 度，他感到了明显的寒意，于是赶紧躲进了一个岩洞里。尽管如此，他还是被冻伤了。

在常人看来不可思议的旅行中，罗伯特却整整坚持了 25 天，白天拼命地前行，与炙热的气温搏斗，与随时席卷而来的龙卷风斗智斗勇，晚上则钻洞找落叶同床共枕。

终于，他看见了山那边的炊烟，却不料突如其来的龙卷风再次将他裹了起来，扔进了浩瀚的湖水里，巨大的冲击让他昏厥过去。但是他又奇迹般地醒了过来。让人更难以想象的是，他开始朝岸边游，累了就浮在水上休息，饿了就喝几口水。四个小时之后，他终于到达了岸边。

他成功得救了。汤恩·罗伯特也成为了在无人区跋涉 25 天后奇迹生还的第一个外国人。这 25 天内，他瘦了 25 公斤，指甲长了 7 厘米。

在获救后的第 3 天，他给家里打去电话，他告诉家人自己还活着。

很多人都觉得这样的事情像天方夜谭，但是他做到了。面对媒体的采访，他只说了一句话："每个生命都是一种行走，走下去，前面还是你的天。"

人的一生何尝不是一种行走，当独自面对，才发现除了自己，你一无所有，也正因为只有靠自己，你的潜能才会无所保留地被激发出来。

所以，面对困境时，千万不要郁闷和气馁，坚持走下去，前面还是自己的那片天。

你能让一只狼低下头吗

● 朱成玉

都说“三百六十行，行行出状元”，这话一点儿不假。赖三常年跑山，练就了一套放羊的本领。他放羊，不用牧羊犬，也不用跟着羊满山转悠，他会打各种口哨，对于羊群来说，每种口哨都是不同的指令。说来也怪，只要他一打口哨，那些羊就会乖乖听他的话，哪怕还没吃饱，也会掉过头来，向他这里集合。十多年来，他没放丢过一只羊，很多人家都喜欢雇他放羊。在村里，他的名气鼓噪得很。

鳖五也是跑山的，也是靠给别人放羊为生，按理说，他那套放羊的本领也是了得，和赖三不相上下。可是，遇有放羊的差事，村里的人更愿意找赖三，个中原因不得而知。这让鳖五很不服气，他总认为自己不比赖三差，总想找个机会分个高低。

事有凑巧，命运还真安排了那样一场“比试”。

那天，他们正好要一起去放羊。鳖五对赖三说：“村里人只认你放羊的本事，不把俺看在眼里。今天我倒想看看，你到底比俺强在哪里？”赖三说：“村里人胡乱说的，你也相信啊？”鳖五说：“俺不管，今天非要和你比个高低。”

赖三无奈，只好陪着笑脸问他：“那你说吧，怎么个比法？”

鳖五胸有成竹地说：“咱上午照常把羊放出去，等它们都回圈里了，咱再比试。到时候，你到俺的羊圈里，随便选定一只羊，俺都能把它唤出来。咱们每人选 10 只羊，谁能全唤出来谁就赢。”赖三想，每家都有 200 多只羊，都没啥标记，要认清还真有一定难度。可是既然鳖五已下了“战书”，他也只好硬着头皮“应战”了。

鳖五憋着一口气，就等着羊群回圈呢，他等着为自己正名，好像剑客等待着一场决斗。

可是没等羊群回到圈里，发生了一件意外：他们遇到了狼。一直以来，他们都没有遇到过狼。以为狼在他们这里已经绝迹了，万万没想到，这山里会突然出现两只狼。

那两只狼是从侧翼慢慢跟了上来的，时刻准备对羊群发起攻击。起初他们没有注意，但羊群忽然发生了骚动。赖三感觉气氛有些不对，他对鳖五说：“你先不要急着往圈里赶，尽量让羊聚到一起。”鳖五以为赖三害怕和他比试，先怯了场，不由得笑出声来：“要不你干脆认输得了，免得麻烦。”

赖三没有说什么，他只是告诉鳖五，尽量把羊群赶到自己身后。赖三吹了几个长长的哨子，渐渐把羊群聚拢到一起，然后拿着那把自制的土铳，绕到了羊群的外圈。没有牧羊犬，他们已然处于绝对的劣势。

这个时候，鳖五才看到了那两只狼，他吓得浑身抖动起来。

他大声地对赖三喊到：“快开枪，快开枪啊。”

赖三并没有开枪，只是拿起土铳对准了它们。他和狼对峙着，谁也没有发动攻击。与此同时，他看到鳖五已经吓得尿了裤子，两条腿在那里不停地抖动。赖三对鳖五吼道：“你他妈的给我挺住，你要是松了劲你的小命就没了。”那些狼的眼睛里冒着灼灼的绿光，似乎要把他们撕碎似的。就那样，对峙了将近一个小时，双方都没有发动攻击。渐渐地，狼的眼睛里那些绿光变得有些暗淡，最后，其中一只狼兀自低下了头，另外一只也掉过头去，双双走掉了。

鳖五惊魂未定地问他：“为什么不开枪？”赖三把那支土铳扔给他说：“这么些年，你什么时候听见过枪声？这家伙压根就是个不能下种的糗蛋。俺拿它就是吓唬人的，没想到，今天还派上了用场。看来今天晚上得加派人手了，那些狼没吃到羊肉肯定不会善罢甘休的。”

“天爷哩！”鳖五一边擦着冷汗，一边说，“拿着这么个破玩意，你不害怕啊？”

“说不害怕是假话，但俺脑子里只有一个念头，那就是一定不能先松懈，如果松懈了，狼会把咱撕得粉碎，咱的羊也跟着遭殃了。行了，别啰嗦了，快点把你的羊赶进圈里吧，咱还得比试呢。”赖三催促着鳖五。

“还比试个鸟呀，刚才俺那个熊样子你都看到了，只要你别让村里人知道俺见到狼尿了裤子，你叫俺咋地都行。”鳖五的脸涨得通红，他这才知道，根本用不着比试，他就已经输了，那两只狼就是最好的试金石。

没有伞要加劲奔跑

● 张丽

读初中那年我13岁，瘦瘦的身子托着一张营养不良的脸。中学离我老家7里，一路山路崎岖，坟茔累累。还有条深壑，晴天是干的，我一步一跳跑过去；雨天水流湍急，靠摸着石头过河。村里读书的女孩就我一个，起初遇上汛期，父亲担心我的安全，护送我几次。后来农事多加上我熟悉了路，就不再管我。

一个人上学的时候，恐惧是伴随的。我每天早上4点半步行上学，风雨无阻。一次，冬日大雾，远远地看见前面坟山上火星一闪一闪，以为是遇上了鬼火，魂吓掉一半。同村一个上初中的男生就是遇见鬼火辍学的，我如果不敢走过去，读书这条路算是断了。哪怕死我也是想读书的，便鼓起勇气，把心拧着向前走，可双脚像灌了铅一般踉踉跄跄。步步惊心，分分煎熬，小小的心脏随时会失重跌碎。越是怕，前面越是出现一团团黑影，一点点鬼火。我走走停停，目光所寻之处，雾霭沉沉。没有，没有人会保护我，没有救世主。时间一点点流失，再不快点怕是要迟到了，我捂住眼睛露出一条缝使劲跑。走到坟山我听见了说话声，分明是人声啊。我拿开手睁大眼睛，这才知道是几个卖柴的在歇息。大捆的柴担子直立着，像黑鬼；抽烟的火星闪耀着，像鬼火。瞬间，我的腿像装上了轮子，一路飞奔。

那时候雨水多，出门还晴得好好的，一会就倾盆大雨。上课下雨无大碍，无非是赤脚走泥泞。若放学还在下雨，校门口必然有很多送伞的家长。我知道，就算是天上下刀子，也不会有人给我送伞。我把书包藏在腋下，冲到雨里，任雨水砸在我身上，任雨水流到我眼里。向前跑，尽最大的力量奔跑，哪怕摔得浑身是泥，我也继续奔跑。我告诫自己，你是个没有伞的人，加劲跑才能少受风雨，才能及早抵达。

工作后，办公室最热闹的话题是麻将，输输赢赢都在笑谈中，仿佛钱是一张张没用的纸，时间是用来肆意挥霍的。我沉浸在自己的世界阅读写作，仍然听得见同事在攀比：谁的父亲当什么官，谁的老公多么有钱，谁的谁又升官，谁又有更大的保护伞。我自小到大没有保护伞，世代贫困的家族，几辈子才出了我一个女秀才，在亲人眼里，卑微的我才是他们的保护伞。没有伞的人，面对风雨不能停歇，不能观望，不能气馁，不能颓废，我唯有向前，向前，加劲奔跑。

一份辛劳一份收获。如今，我所负责的工作亮点频现，年年获得国家、省级奖励，我的爱好也有所收获，出版的两本书都好评如潮。我感激那些在我奔跑中为我喊加油的人，陪我助跑的人，拉我一把的人。他们本与我陌生，因为善心爱心诚心，给我关爱，给我帮助，给我力量。一个人可以孤单，但不能孤独，我不需要伞庇荫，却需要爱取暖。我遇到了。故而，我是个幸运的人。感激之余，我时时激励自己，即使不成功，也不允许一天不进步。

心细不屈，带你走出窄巷

● 陈立红

时光不会停下脚步，更不会一成不变地守在原处，为你重复昨天的故事。相反，时光正无时不刻在更迭，刷新一个又一个你无法预知的记录。每一个记录，无不诠释一个真理：世界之大，无所不容；世界之小，难避其逢。而之于狭路相逢，必是勇者胜！

2016 年 8 月，第 31 届夏季奥林匹克运动会在巴西里约热内卢举行，成了世界各国人民的焦点。每一块奖牌的诞生，都牵动人心，使之跟随国歌此起彼伏。

2016 年 8 月 21 日，是郎平出任中国女排主教练满 3 年零 4 个月的时间，更是女排姑娘们带给我们足以举国欢庆的时刻。素来不怕硬仗的“铁榔头”郎平，早在 20 世纪 80 年代，就以女排团队“五连冠”的殊荣抓住了世界的眼球，开创了中国“大球”夺金的乐章，连续 30 余年，都未曾被遗忘，并且依旧备受膜拜，女排精神一直被口碑盛传——不屈不挠，勇于拼搏！

虽然，8 月 6 日中国女排对阵荷兰，首战告负，但她们并未气馁，之后在小组赛中以 2 胜 3 负、排名第 4 而晋级八强，获得夺金的机会。但同时，也将再度与东道主巴西队对决。这真是在考验女排姑娘们：该如何对抗这个曾经获得两届冠军的劲敌啊！可以说，接下来的赛事令人气恼，但也令国人振奋！

小马拉卡纳体育馆，看台上，每当巴西队得分时，总是掌声雷动，震耳欲聋；而我们得分之时，却换来震耳发聩的嘘声和口哨，令人极其不舒服。只有我们本国的球迷们不断挥舞国旗，雀跃高呼："中国队，加油！"生怕影响队员的情绪。此情此景，郎平坚定地对队员们说："我们有十几亿亲人在后方观战，我们不孤单，他们越嘘我，我越要发好球，打好球，团结起来狠狠打！"

随后，郎平重新调整队员，授意新战略。一场角逐注定一场逆袭，中国女排最终以 3：2 大胜巴西。进入决赛时，以 3：1 力胜塞尔维亚队，摘取金牌，在奥运史上又重抹一笔。自此，沉默了 12 年的奥运金牌梦再度实现。

这就是精神，一种无所惧怕的女排精神！能吃苦，勇担当，敢于向一切打压宣战的不屈精神！是我们华夏不可或缺的民族精神！

翻开历史，总会有太多的能量充盈你的内心；细数时光，未必能全然征服岁月，却能成为超越自己的赢家。

班达拉奈克夫人，曾在 40 年里当选三任斯里兰卡总理，她的一生可谓传奇。丈夫所罗门是斯里兰卡开国元勋，执政期间被反对党暗杀。那种失去亲人的痛可想而知，但这并没有打倒她，反而让她更坚定一种献身国家的信念。自此后，该事件无形中把她推上了政坛一线，成为世界上第一位民选女总理，而且不负众望，连任数十年之久。

也正是她那遭遇生活瓶颈而不退缩，勇于对抗时局的理性与果敢，善于审时度势的目光与胆量，不但把女儿培养成了一位能胜任国事的首位总统，也成就了自己的人生辉煌，成为上世纪70年代，唯一能与印度总理英吉拉·甘地、以色列总理梅厄夫人齐名的“世界政坛三女杰”。这就是一个人的泪水本应该催生的产物，这就是站在悲苦面前不畏惧的佐证。正如她所说：“我已经经历了人类所能经受的一切苦难，回头看时，所有苦难都在谷底。”

其实，成功的人生与失败的人生的分水岭，无非就在于你的决策与执行力。如何在打击面前以不屈的姿势勇敢站立，如何把自己认定的坚持坚持到底才是重中之重。生活，本就不是坦途，那么，遇见坎坷随时都有可能。倘若遭遇瓶颈，心绪被扰、不知所措都是本能反应，但切不可长此纠结，甚至怕得不行。试问，天下有几许“怕”来的转机？又有几桩“等”来的成功呢？唯有沉住气，将理智与现实较量；唯有认定目标，勇往直前，才能走出窄巷，牵手成功。

记住：有一种成功叫不屈服！有一种不屈服叫韧性坚持！有一种韧性坚持就叫成功！

第七辑

带着勇敢前行，风雨之后见彩虹

从口吃者到演讲家的蜕变

●张金玲

当他还是王子时，口吃得一塌糊涂。1925 年，他的父亲要求他在伦敦的英帝国博览会闭幕式上发表讲话，场内外静静等待着艾伯特的初次亮相。可是，广播里只听得他的结巴声“……我……有事宣布……我承诺……”二十秒吐不出一个词。他的手纠成了一团，他的脸红了，就像熟透了的西红柿，快要胀开了似的。他的嘴唇紧紧地抿着，似乎想要咬破。这个时刻，似乎是他最窘迫的时候，他甚至想找个地洞钻进去。

几年过去了，他口吃依旧严重，在公众面前的出丑似乎已经是家常便饭，这在他人生中成为了沉重的负担。他做不到几乎所有人能做到的事：顺畅地侃侃而谈。一应雄心、激情、温柔、愤懑、焦切……都被这痼疾桎梏，牢牢封锁在痉挛的两唇中。胸襟里尽有惊涛拍岸，也全被这无形堤坝拦截。

他想要摆脱这种情况。

他站到了医生面前，在医生极力的催促下，他努力地发出了几个含混不清的音节，继而难过地低下头，又迅速地扬起，无奈焦虑地看了医生一眼。医生却从容而有信心，要求他念一段话。捧起书，他依然念不出声。正想扔书，医生坚持让他戴上耳机，准备录音。

耳机里传来的是莫扎特的交响乐《费加罗的婚礼》的序曲。听着那震撼人心的音乐，他终于拿起书来，嘴唇动了起来。可是没几下，他就摘下耳机，并大发雷霆，说："蠢死了……这个不适合我！……再见。"

一气之下，他拂袖而去。

1934 年圣诞临近，父王要他对全国进行广播演讲。他愁眉苦脸，自己厌恶当什么国王，也不可能念得了这个。可父王却认为："法西斯已剑拔弩张觊觎英国，国家、家庭都要靠你来支持。趁我还在，你必须做好！"但他仍念不出声。父王大失所望。

他正在沮丧时突然想起那天离开时医生坚持让自己带回的录音唱片。莫扎特激越的音乐中，传来一个男人坚毅流畅的声音："生存还是毁灭，这是个问题。当思想放松，放开胸怀，我们的行动就会变得更为灵敏，让我们更为勇敢！"这是自己的声音吗？！

这声音，铿锵有力，这声音，掷地有声！这声音，像在有严重心理障碍的他面前打开了一扇心窗，让他有了在公众面前说话的勇气，有了在世界各国政要面前表达的欲望和技巧。这一场"录音风暴"，让他清醒地意识到自己不是天生结巴，只是心理障碍。他要战胜它！

他重回诊所，继续口吃的诊治。

他勇敢地面对痛苦回忆，并不断地勤勉地接受从物理治疗到心理治疗，坚持练习、运动，加强呼吸、放松嘴部肌肉、加强舌头力量、念绕口令……机械训练进步很快。发声——感觉——跳跃——放松，发声——甩头——吸气——呼气——倾听——就地来回滚动……

他给他的孩子讲故事：“从前有两位小公主，伊丽莎白和玛格丽特，她们的爸爸是一只企鹅，因为他被一个邪恶的巫婆诅咒了。这对他来说太不方便啦，因为他喜欢抱着他的公主们……巫婆让他们去南极，如果不能飞，这可是很长的一段路。他一头钻进水里，只为了能在午饭前赶到，他还让一个过路的摆渡者带他过去，他成功地回到了宫殿里，给了厨师、妈妈一个大惊喜。小女孩们在厨房，给了他一个大大的拥抱和吻。在那个吻之后，你们猜他变成了什么？他变成了一个短尾巴的信天翁。这下他有了很大的翅膀，可以抱着他的两个小宝贝了！信天翁是鸟类中翼展最宽的，张开翅膀，可达 3 米以上。”

他一直坚持。他告诉自己：“克服它，我能行！”

1939 年 9 月 3 日，由希特勒执政的德国政府冲破防线进攻波兰，英法被迫向德国宣战，国王决定向国民发表演讲。此时此刻，他终于像换了一个人一样，镇静地走上演讲台：“……在这个重要的时刻，在我们的历史里，我向每个家庭传达我的思想……大家团结一致……我们被迫卷入冲突，我们必须保护自己保护国家，如果你愿意，请拿出你的力量，我们必须坚强起来，抵抗敌人……”

全国上下、城市乡镇、贵族平民、男女老少，都在倾听他的声音：“我们必须抵抗世界上缺乏道德没有人性的人，抗战到底。”

他成功了。播音室的门开了，大家都在为他鼓掌。他得到了臣民们热烈的拥戴。

他就是著名的大英帝国国王乔治六世。这是一场有艺术但更有激情的演讲，这就是乔治六世对希特勒宣战的演讲!

当命运选择你的时候，你无法后退，只能向前，虽然你自身存在着某种缺陷，处于某种困难，但放弃只能使痛苦延续，只要你努力去改变，命运大道定会为你扩宽。一切困难在认真、坚持面前都会变得非常渺小。

只为这一程璀璨的光阴

● 安宁

亲爱的弟弟，不知我走的时候，放在床头的那封信，你究竟是漫不经心地看过便丢在一旁，还是在一丝丝愧疚的牵绊下，拿起床头的书，认真地读上几页？我已经远在北京，看不见此刻的你，是否又回到昔日散漫不羁的生活，怀着那么一点点的侥幸，继续在高考前的时间里清闲游走。

或许你会认为，我熬夜写出的5千字的信，于你，不过是一堆于事无补的说教，你有你混日子的理由。你会像讲给没有文化的父母那样，讲给我这个硕士毕业的姐姐，说，你们学校不过是所不入流的高中，有最纨绔的子弟，几乎每天都有人打架，甚至连你这样中规中矩的学生都会毫无理由地被校园里的痞子们截住，挨一通嘲弄。或许你也会让我上网查询去年你们学校的高考升学率，百分之九十的学生，都是通过艺考，走进了大学，而我当初阻止了你读艺术，也就基本上阻止了你通往大学的路。因为基本上除去艺考生，只有十个左右的学生能够考上大学，而排在二十名之后的你，当然是希望渺茫。况且，你们学校的传统是在高考来临之前，便将考学无望的学生像残次品一样，全部处理掉，要么去学技术，要么去进工厂，要么自寻出路。

在这样差的高中里，你除了一天天地熬下去，熬到高考过去，等那一张薄薄的毕业证发下来，还能去做什么？

更让你理直气壮地将学业荒废掉的是而今实行的素质教育，你们终于可以不用补课，不用上晚自习，不用在漆黑的夜晚飞快地朝家中赶，遇上雨雪天气还要溅一身晦气的泥浆。而今，你们只需在夕阳下，背起书包，说说笑笑地走回家去，书包里很轻，有同学间彼此交流的时尚玩意，也有给女孩子写了一半的情书，但唯独没有老师留的累赘的作业。这样一身轻松地回到家中，若饭还没有做好，恰好可以打开电视，看一段娱乐新闻，或者赏半集电视剧，再或者，偷偷溜出去，在网吧里跟新交的网友说几句话。这样的夜晚，再不像往昔那样度日如年，一本杂志，两本小说，三四句闲话，五六个哈欠，便轻而易举地打发掉了。没有老师的监督，你，完全是一只自由的鸟儿，可以放任自己在大把的时间里，幸福地遨游。

可是，亲爱的弟弟，这样的幸福，于高二已经快要结束的你，究竟还能有多少？你所谓的理由，不过是为你想要逃避这一段艰苦学习的岁月所做的最拙劣的注脚。而我想要说的是，即便你们学校差到只有一个人能够考上，你也有为之奋斗最后一年的理由。再好的学校，也有神色黯然的落榜生，再差的学校，也有站在领奖台上的成功者，而你，又为何过早地将自己打入毫无希望的深渊？我并不是认定，高考是你唯一的出路，可是，假若一个人连青春里的这第一场战争都不愿意迎接，那么，你所谓的毕业后去独闯天下，岂不是一句可笑的空谈？我所要求的，不是你能考上哪一所大学，我只是希望，在你十八岁之前，能有那么一段意气风发、勇于拼搏的岁月，而这一段时光，不管结局是美好还是黯淡，在你人生的长河里，都必定会熠熠生辉。没有人能够否认，这段埋头苦读的青春，会绽放出最粲然的花朵。

请你尝试着，一点点地改变。哪怕，只是在放学的路上，边欣赏两边的风景，边记下卡片上的几个单词；哪怕，你将电视，自觉地换到英语学习的频道；哪怕，你克服掉心中的障碍，开口向比你成绩好的同学求教；哪怕，你能把起床后洗漱的时间，节约上短短的五分钟，而后将这些零敲碎打的时日，换成朗诵一篇散文，读解一道习题，探究一种生物，或者，只是给父母说一句安慰的话。

是的，因为你一直以来的不上进，父母几乎对你完全失望，他们不知道如此游荡到毕业的你，究竟能够有怎样的未来。当我因为对你荒废光阴的气愤，而在母亲面前脱口而出，不要指望我能够为你提供怎样的便利时，她竟是背过脸去，哭了。父母一直都希望，走出小镇的我，能够在打拼出属于自己的一片天空的时候，亦能顺便为你遮一小片绿荫。我无法说服他们，无论我飞得如何的高，都始终无法代你，走一生的路途。但我依然要在这里，无情地提醒你，此生，我是你的姐姐，但你永远都不要奢望，走出去的我会像父母一样，为你20岁以后的人生，奔前走后，力尽筋疲。我只会站在最关键的十字路口处，为你指明那最通达的一条，就像此刻，我尽着一个姐姐所应该尽的职责，写这封信给你。

亲爱的弟弟，其实，你和我，是一样的孩子，曾经在父母的唠叨里，有想要离家出走的冲动；也曾经为买不起一件衣服，而羞于在体育课上张扬；又曾经在十八岁的路口上，犹豫且失落。但，不同的是，我的每一步，都走得坚实且稳健，我知道自己唯有走出小镇，才能得到自己想要的未来，我知道大学能够提供给我一扇更明亮的窗户，从这里，我可以看得更远，视线，亦可以飞得更高。

而你，亲爱的弟弟，能否像曾经的我一样，背负起行囊，执着地向前，只为这一程璀璨的光阴？

你有什么理由逃

● 安宁

亲爱的小茉，不知坐在返程火车上的你，是否已经将几日前，那场不愉快的夏令营忘记，也不知，你会不会因此，在火车上，拒绝所有陌生人善意或者好奇的搭讪。甚至，连昔日你喜欢欣赏的窗外的风景，此刻也如某个惹人烦厌的孩子，在火车哐当哐当的单调声音里，一路在后面追赶着，直到将你的眼睛，弄到倦怠不堪。

你落寞上车的那一刻，我看着你寂寞的背影，知道此次来京，在你 18 岁的人生中，烙下的，并不是一抹美好明亮的回忆。或许，在此后很长的一段时间，你都无法走出这段记忆的阴影，它们的枝杈蔓延下来，遮住的不仅是你饱满的额头，还有那双纯净的双眸。可是，亲爱的小茉，在你转身的那一刻，其实，我是多么地想将你拉住，让你看一看，北京站的门口，那些蜂拥而入的人，或者，索性将我手中的画板，交给你，让你为每一个经过身边的陌生人，画一幅形象的素描。而这些抓住瞬间表情的素描，会一点点地浮现出这个世界最真实的模样。

因为优秀的成绩，你很幸运地从几千人中脱颖而出，来到北京，与四十几个同样出色的学生一起，共同度过为期一周的夏令营。在来北京的火车上，从没有出过小镇的你，兴奋地发短信给我，说：“姐姐，想到能与全国各地的同龄人交流，而且成为朋友，我几乎一夜失眠了呢。”在你的想象中，这次出行，是雨后天边的一抹虹彩，或者树上一片水洗过的叶子，绚丽、新鲜、溢彩流光。你期盼着和每一个人都能成为朋友，却没有想过，该如何与不同个性的人交流。你希望他们如熟识的亲朋好友那样，时刻给予你关爱和谦让。你也曾有过忐忑，经历过不安，但这些很快地被出行的快乐一一冲淡。下车的时候，你如一只喜悦的鸟儿，歌唱着朝我飞奔而来，那样的自信从容与朝气，为何在我送你离京的时候，消失殆尽，取而代之的，是你眼中，无尽的失落与迷茫？

知道你在这次夏令营中，经历了前所未有的冲击。四十几个人，就像一个新的班级，或者一个植满花草树木的园子，其中有茉莉、百合、蔷薇，也有冷杉、法桐、侧柏，亦有缠来绕去的藤蔓，枝枝杈杈，免不了彼此牵绊、互相阻碍，你夺了我的阳光，我遮了你的雨露，或许用不了秋霜打来，只是一场风雨，便能让这生气勃勃的园只剩了枯枝败叶。

而你，在这样的园中，不过是一天，便想要逃走。你一次次地向我抱怨，为什么每一次出行，总有人要冒出来，做那个张扬高傲的鹰，且用巨大的翼翅将其他人的声音霸道地压下去？为什么每一次发言，总有一些人，与你较真儿、动怒、争吵，并将一场问题的论战切换到对人的指责与苛求？为什么一些小小的误会，反而解释到最后成了一幅愈描愈黑、无迹可寻的画？为什么那些你满心欢喜地想要早日见到的“名家”，并不像你想象的那样热情且亲切，常常转过身去，就神情迥然？你说，这不是你期待中的夏令营，你需要宽容、忍让和温暖，而那些花草树木，所呈现出的，却处处是冷淡、阴郁和吵嚷。七天，在你的心里沉淀下来的不过是一次没有排练好便匆忙上场的表演，拙劣的妆容，晦暗的衣饰，磕绊的歌唱，点点滴滴，一旦刻下，便再也难以从记忆之中拔除。

亲爱的小茉，临走的那天，你说，再也不想参加这样的夏令营，交不到一个朋友，反而看到如许多不想看到的人。你一直以为，这个世界就是小城那样大，其中的人，亦是如此可爱、善良且纯净，不会与你喋喋不休地争吵，也不会当面给你难堪；即便是有了争吵，不过是片刻，就会主动地过来给你道歉。从来没有人会跟你斤斤计较，或者将你当成一个无关紧要的陌生人，只一两句漫不经心的闲言碎语，便将你一番热切诚恳的言辞打发掉。你在这个群体里，因为不擅言谈，很多次地被人抢白，遭人奚落。四面八方涌来的同龄人，带来的不是你想象中的馥郁的花香，而是时不时就将你绊倒在地的荆棘。

可是，亲爱的小茉，每一片森林都会有擎天的大树和低矮的灌木，有温顺的小虫亦不乏凶恶的野兽，而我们身边的人，一个个组合起来，便是一片莽原，你站在自己的位置上，即便是悄无声息地静立，也会有鸟的骚扰、兽的莽撞，或者虫的啃啮。你长在其中，除非拔根逃掉，否则，就应该能够忍受这种种的击打，而且要明白，不论你移植到何处，都会有飞禽走兽、暴雨狂风。

所以，亲爱的小茉，为什么 18 岁的你，刚刚在社会的门槛上，微微探一下头，便立刻缩回到安全无忧的壳里？难道，你宁肯做一只缩在壳中的蜗牛，也不想经受风雨的吹打、流言的锤炼？你种种的失望、抱怨，不过是因为你不想看到这个真实的世界，不想看到形形色色带了缺陷又言语尖锐的人，不想经历从小城到北京的巨大的差异。

可是，逃得掉的，是落魄的勇气；逃不掉的，则是漫长的人生。而你，不过是刚刚长出翼翅，又有什么理由，因为看到一张张面具后真实的容颜而拒绝掉整个葱郁的森林？

再等一天

• 周海亮

朋友下了决心，要在那个周末，结束自己年轻的生命。朋友知道自己是那样脆弱，可是没有办法，一切，都那么无奈和伤心。

高考落榜，女友离去，职位被炒，应聘失败，生活不断跟他开着恶意的玩笑，摧毁着他可怜的信心。朋友变得穷困潦倒，颓废不堪。一个月前，他去应聘一家大公司。他把那当成最后的希望。假如应聘成功，生活还可以继续；假如失败，那么，他将选择自杀。

并不是朋友把那个职位看得多么重要，而是朋友害怕再一次失败的感觉。清晰的、刻骨铭心的、世界变得灰暗寒冷的感觉。那种感觉，他太过熟悉。

他脆弱的神经，已经不能承受任何最轻微的打击。

可是直到两天前，朋友也没有收到那家公司寄来的录取通知。那是最后的期限。显然朋友已经被淘汰了。这是致命的失败。

母亲周末才能回来，朋友写好了遗书，放在茶几上。想了想，又放进写字台的抽屉。朋友不想让母亲过早发现遗书。他去意已决。

朋友把生命的终点选择在一个遥远的风景区。他坐上火车，直奔那里而去。一路上朋友什么也没有做，只是蒙头大睡。也有睡不着的时候，朋友就把关掉的手机打开，再关掉，再打开，再关掉。朋友不知道自己还在等待什么。是啊，一个临死的人，还有什么可以等待的呢？

朋友在清晨接到母亲的电话，那时他刚刚醒来，正倚着列车的窗口发呆。他看到熟悉的电话号码，眼泪一下子涌出来。他想还是接吧，听听母亲的声音，也让母亲听听自己的声音。可是他想，不管如何，不管母亲如何劝他，他也不会回去。

他不想面对失败。但他可以面对死亡。

母亲说："你在哪里？怎么不回家。"他说："有事么？"母亲说："公司的录取通知刚刚寄来，我帮你签字了。"他说："真的吗？"母亲说："这还有假？"他说："你去过我的房间吗？"母亲说："去过。"他说："你在我的房间里发现到什么了吗？比如一张字条。"母亲说："什么字条？你怎么了？"他说："没什么。我马上回来。"

朋友相信母亲没有骗他。或者，即使母亲在骗他，当他发现事情的真相，也会坚持自己的选择——结束生命。只不过，将会把时间推后几天而已。

朋友在下一个小站下车，然后直接登上返程的列车。两天后，他真的从母亲手里接过那张录取通知。他去那家公司上班，涨薪，升职，跳槽，开办自己的公司，一路走下来，事业越做越成功。

朋友一直保存着那张遗书。直到某一天，他把它拿给自己的母亲看。他说："我是死过一次的人了……如果没有那张及时的录取通知……"

母亲笑笑："看过了。"

朋友愣住。

母亲说："那天在你的抽屉里看到的。其实那天，并没有录取通知，可是，我仍然打电话给你……"

"可是那张录取通知却是真的啊！"朋友说。

"当然是真的。"母亲说，"只不过通知是在我打完电话后的第二天中午才寄到的。那时我正在考虑你回来以后如何开导你，才能打消你轻生的念头……"

母亲的话让朋友后怕不已。他想，假如母亲不用一张虚构的录取通知骗他回家，假如在他回家时，那张录取通知仍然没有寄来，那么，他肯定将选择结束自己的生命。朋友知道年轻时的自己，冲动并且脆弱。

可是朋友仍然活下来，只因为，他多等了一天。这一天里，因为一张录取通知，一切峰回路转。

其实一切都没有改变，包括路途中的录取通知。改变的，不过是朋友的生活，以及心情。

所以有时候，当你面临绝境，接近崩溃，或当你心灰意冷，打算舍弃一切的时候，不妨再等几天，哪怕仅仅一天。说不定，一切都会好起来。

可怕的凑合

●陈志宏

肖永辉是我中专时最要好的朋友。毕业后，他去了东莞打工，我进入省城一所技工学校，担任实习教师。别后，我们保持了近一年的书信联系，知道他在一家名叫“新兴”的家具厂上班。后来，也许是各自疲于奔命吧，我们断了联系。

前不久，学校举行建校50周年庆祝活动，我见到肖永辉，他告诉我，他还在“新兴”上班。我以为他混得不错，肯定当了副总经理什么的，因为班上去打工的同学有很多都做到了这个位置。况且，读书的时候，他的成绩一直不错，还是学生会的干部，有出色的组织管理才能。

但是，他的回答让我大吃了一惊：“哪有啊？没那么大能耐，还是和10年前一样，普通的打工仔，喷喷油漆而已。”

我惊叹地问：“为什么会这样？你怎么不跳槽？我们学的是财会，做会计也行啊！”

他用一种卑下的口气说：“学财会的大学生到处都是，找一份会计工作，难啊。喷漆是个不需要多少技术的粗活，我一个中专生，一个月有 800 多块钱，能保住这个位子就算可以的啦。跳槽是从来不敢想的，凑合吧！”

可怕的是，他这一凑合就是 10 年啊!

其实，当初我也可以选择凑合，在旱涝保收的单位，慢慢混也能混口饭吃，然而，我没有那样，而是一步一步踩出铿锵足音。我在完成教学任务的同时，利用业余时间恶补文化知识，在工作二年后，取得自学考试汉语言文学专业大专文凭，在工作四年后，拿到了会计学本科文凭。之后，我停薪留职，主动跳槽，顺着自己的兴趣点出发，第一站是省新闻出版局属下的一本杂志，与我同时进入的是一名应届毕业的研究生！第二站是省党报的强势子报，担任特稿部记者，第三站是省城晚报，做极具挑战性的广告业务员，最后一站是省电视台，担任文学策划。在这频繁的跳槽中，我的文笔得到了极大的提高，发表了散文近 30 万字，成为《读者》杂志全国百位签约作家之一，并获得全国农村青年文学新人新作大奖赛二等奖。

肖永辉说：“还是你坚持下来了，把跳槽进行到底。”我并不这么认为，我觉得做人就是要把不凑合永远进行下去。有一句话是这么说的：一个人的经历丰富，是很值得的事。换一个角度来理解，不凑合，就是一件很值得的事情。

凑合是可怕的，在我们没有付诸行动的时候，它就给我们设置了一道永不可翻越的障碍，自己给自己来了个“下马威”。凑合消磨了我的锐气和意志，给平庸制造了可乘之机，给堕落找了一个冠冕堂皇的理由。

人在凑合当中，白白流逝青春韶华，留下遗憾，空自嗟叹。拒绝凑合，才能远离几十年如一日的单调，才能避免人生履历空白一片。不凑合，才能给生命添上浓墨重彩的一笔。

下车，跑！

●照日格图

那年我 7 岁，跟着父亲去镇里的叔叔家送菜。

农用四轮车一路“怒吼”着，声势十足却慢慢腾腾。我和父亲都沉默着。父亲本来就是个话少的人，更不会在驾驶的时候跟我说话，而我，也不知道该和父亲说些什么。四轮车是没有驾驶室的，这倒让我可以随心所欲地看风景。走了一会儿，我抬头发现原本晴朗的天空不知从哪里飘出了几朵乌云，不一会，乌云就布满了整片天空，天变得黑压压的。父亲开口了：“看样子天是要下暴雨了，你快把外套穿上！”父亲一说，我这才猛地想起今天从家里出来的时候光顾着高兴了，把母亲为我准备的厚秋衣忘在了家里，一道忘记的还有我们父子二人的雨披。父亲的面色不悦，却也没有责怪我，只是又踩了踩油门。还没走出多远，天空就滴起了雨，然后就一发不可收拾般地狂泻下来。草原暮秋季节的雨，就像卷着冰屑一般，只消一会工夫就足以让人冷得直打寒战。父亲看了看已经缩成一团的我，赶忙把他的外套脱下来给我披上。可几分钟后，父亲那件不算薄的外套还是被雨打得透湿透湿的。

我抖个不停，雨却越下越大。我忍不住开始哇哇大哭起来。父亲还是什么也不说，甚至连看都没看我一眼，只顾开他的车。我愈加觉得委屈，也就愈加地哭得起劲。父亲突然停住了车，对我喊道："下车！快点！"我噎住了哭声，有点惧怕地望向父亲。"下车！跟着车跑！"父亲用坚决的语气给我下了命令。我只好哽咽着跳下了座位，然后眼睁睁地看着父亲给足了四轮油门，离我越来越远，把我抛在了后面。

我拼命地哭、拼命地叫。温热的泪水和着雨水，很快就和雨水一样冰冷。我站在原地哭到嗓子沙哑，可父亲还是没有回来找我。

我只能擦干眼泪在大雨中沿着马路跑。我边跑边找父亲的影子。前一天晚上因为要和父亲进城的兴奋感荡然无存，我觉得自己万分想念母亲。母亲多好啊，她从来舍不得让我哭成这个样子的，她会抱着我，哄着我。

不知道跑了多久，就在我几乎要支持不住的时候，我终于看到了父亲的四轮车。父亲把车停在那里，等着我跑到他的面前。我使出最后的力气跑向父亲。见到父亲我再一次哇哇大哭。可父亲依旧一言不发，连一点点安慰都没有。

父亲在我的哭声里又一次把车发动起来。我又一次眼睁睁地看着父亲的四轮车远去。尽管浑身无力，我也只能边哭边迈动双腿尽可能地追上父亲。

就这样反复了好几次，我和父亲终于赶到了叔叔家。婶婶赶忙把我抱进里屋，用毛巾把浑身湿漉漉的我擦干，又找出干净的衣服为我换上。又累又冷的我一钻进暖烘烘的被窝就沉沉地睡去了。

夜晚，我开始发起烧来，在迷迷糊糊中，我看到父亲守在我的身边，不时地为我敷毛巾、掖被角。朦胧中我听到叔婶在责怪父亲，可父亲依旧沉默。当我再次醒来的时候已经是第二天的清晨。看到我睁开眼，父亲疲惫的脸上终于露出了笑容。毕竟是孩子，一个晚上的安睡就让我恢复起来，到下午的时候，我就开始在叔叔家的小院里乱跑乱跳了。可是，父亲却发起了高烧，那个在我眼里从来不生病的汉子在病床上躺了整整一星期。

七岁那年的往事，曾让我耿耿于怀。直到长大后，我才明白了父亲的道理。父亲不曾紧紧拥抱过我，可是，父亲的温暖却一直不曾离去。无论什么时候，无论遇到什么问题，当我的心觉得寒冷时，我就用父亲教我的方式，在心底大声地对自己说：下车，跑！

我比你坚强

●抱武

吃过晚饭，一家人出去散步，女儿手里拿一瓶矿泉水在喝。先生拉我，悄悄努嘴：“看！”我回头，一个小男孩，不过十来岁，矮小瘦弱，小脸肮脏，身上的衣服宽宽大大，风一吹，衣裳把小人儿一裹，简直就像根细小的牙签。真奇怪，他一直跟着我们。我回身，蹲下来，拿出几枚硬币：“给。”孩子摇摇头：“谢谢阿姨，我不是要饭的。”我羞愧——无意间伤了孩子的自尊心。但他为什么老是跟着我们呢？直到我的姑娘把矿泉水瓶塞进果皮箱，小男孩一个箭步往前一蹿，把胳膊伸进去，把瓶子拎出来，往手里拎的蛇皮袋里一塞，才又开始往别处逡巡。

后来听说小男孩儿原本有一个很富足的家，但是妈妈得了尿毒症，百般医治无效，家里的钱却越花越少。终于有一天，爸爸把财物席卷一空，卷包逃跑。病重的妈妈整日以泪洗面，生活的重担像座山，压在这个10岁小男孩的肩上。

他一边尽最大力量安慰妈妈，一边到厨房里笨手笨脚给妈妈做一顿糊了的饭，然后再到外面捡废塑料和空瓶子，一毛两毛地卖成钱，自豪地交给妈妈：“妈，拿去用，你想怎么花就怎么花，全是我自己挣的。”

3 年过去，那个男人始终没有露面，但是小小男子汉却发表了他的宣言：“妈，我也是男人，我能照顾你。”

很小的时候，老师就曾反反复复地上过“坚强”这一课。可是当自己越长越大，却发现越来越做不到坚强了。不是，是越来越会权衡了，假如逃避可以让自己活得更轻松，为什么不呢？有时甚至想，所谓的坚强，只不过是无路可走时的故作姿态罢了，只要有另外一条路可走，傻瓜才会“坚强”地硬挺下去呢！

虽然也为自己的没出息感到害臊，但是让我感到宽慰的是，想临阵脱逃的大约不止我一个。但是，这样一想之下，却让自己更害臊了。

一个女人，丈夫出了工伤，瘫痪在床，自己吃不住劲，干脆逃得远远的，远嫁他乡。她要带走小女儿，孩子却说了一句话：“妈妈，你走吧，我要留下照顾爸爸。”冰寒雪冷的冬天，她每天 5 点起床，给瘫痪在床的爸爸洗漱好，然后做好饭，喂好，再自己草草吃一口，然后赶到十几里路外的学校上学。中午就吃一顿凉干粮。晚上回来接着做饭，做完饭帮爸爸按摩失去知觉的双腿和双脚。然后就着豆大的灯光做作业。晚上，她睡了，但是却在自己的手腕上系上一条细绳子，绳子的另一端连着爸爸。爸爸有什么要求，只要一拉绳子，孩子就会强睁开惺忪睡眼，起来帮爸爸接屎端尿。别人家的孩子在爸爸妈妈怀里撒着娇要吃麦当劳，小姑娘却在泰山压顶一般的苦难中坚持着，既不肯逃跑，也不肯弯腰。

看，这就是孩子，我们的孩子。

爸爸逃了，孩子留下了；妈妈逃了，孩子留下了；大人们一个接一个地逃跑了，小小的孩子却一个接一个地留下了。凭什么？我们不是豪言过，壮语过，发誓要勇敢面对生活中的挫折？什么时候我们的心变得市侩和冷落，而这些豪言壮语像一阵风一样从我们的生活里刮跑了。

终于有一天，我们沉醉在燕舞笙歌，却发觉自己无法面对孩子们脏兮兮的小脸，瘦弱的小身体，承担着生活重担而坚持不倒下的勇气。面对他们，我们像面对被钉上十字架的耶稣，羞愧万分，掩面哭泣，痛切地发现自己的油滑和软弱，脱逃和退缩，背信和弃义，绝情和冷漠。

真的，纵使我们身材高大，声音响亮，拥有尘世中足够的权势和力量，但是我们的孩子却完全有资格带着怜悯的微笑，居高临下对我们说：我比你坚强。

跑进雨中

● ［美］鲍勃·珀克斯　孙开元　编译

一次短暂的相遇充实了我的生活，如果这对母女知道带给我的启迪就好了。

女孩肯定有六岁大了，漂亮的褐色长发，长有几颗雀斑的小脸透着天真。她的妈妈看起来仿佛来自系列剧《华尔顿一家》，又像画家诺尔曼·洛克威尔的一幅画。她的齐耳褐色短发微微有点卷，显得非常干练。她穿着一条茶色短裤，浅蓝色的针织衬衫，脚上穿着一双镶着一道蓝边的白色运动鞋。

她的举止像一位母亲。

外面正下着大雨，是那种涌出了排水沟的倾盆大雨，如注的骤雨倾泄下来，容不得从水道走。附近停车场的排水沟不堪重负，出现了堵塞，停车场成了泥坑，停放的汽车全都浸在泥水里。

我们站在沃尔玛超市大门口处的一顶遮雨篷下，一些人耐心地等待着雨停，有些人则烦躁起来，因为这场雨扰乱了他们忙碌的一天。

我一直都喜欢下雨，常沉醉于雨落的声音和荡涤这个世界的尘埃污垢时的雨景。孩提时无忧无虑的奔跑、踩水的情景会从记忆中浮现出来，舒缓一下生活中的烦恼和紧张。

孩子清甜的声音使人们从昏沉中清醒了过来。

“妈妈，我们从雨中跑过去吧。”她说。

“什么？”妈妈问。

“我们从雨中跑过去！”她重复了一次。

“不，宝贝。等雨小一点再说。”妈妈回答。

孩子等了大约一分钟，又说：“妈妈，我们从雨中跑过去。”

“那样我们会淋湿的。”妈妈说。

“不会的，妈妈。你今天早上不是这么说的。”女孩拉着妈妈的胳膊说。

“今天早上？我什么时候说过可以在雨里跑而不被淋湿？”

“你不记得了？在提到爸爸的癌症时，你说过‘如果我们能闯过这一关，那无论再遇到什么困难我们都能克服！’”

人们安静下来，鸦雀无声。

只有雨声在响着，我们静静地站着，后来的几分钟没人再走来走去。

妈妈沉默了一会儿，她在想应该说点什么。如果她说了幼稚的话，别人会发笑或责备她。但这是一次对孩子的看法给予肯定的机会，把天真的想法培育成为一种信念的机会。

“宝贝，你说得太对了。让我们从这雨中跑过去，这样，以后再大的风雨我们也不怕了。”妈妈说。

然后，母女俩跑了出去，只把购物袋顶在头上挡雨。我们站在那微笑着看她们跑进雨里，跑过停着的汽车，淌过了水坑。

母女俩都被淋湿了。但是几位勇敢的人跟在她们身后，像孩子似的尖叫着、欢笑着一路跑向了他们的汽车。也许是受到了她们的信念的影响吧。

我相信在生活这条路途中，那位母亲在将来骄傲地看着女儿毕业、看着父亲陪同女儿在她的婚礼上一起走过大厅时，会微笑着想起刚才的那一幕，如同翻看相册中的照片一样，美好的回忆会再次浮现出来。

是的，我跑进了雨里，我淋湿了，我的心灵需要洗礼。

独自征服默拉皮火山的青年

● 李静

“没有携带水和干粮，没有向导，历时14个小时，登上印尼最活跃的活火山默拉皮火山顶部！我独自一人征服了这座随时可能喷发的活火山！”2015年1月23日，当这条附上沿途拍的照片的微博出现在网上时，引来众多网友点赞。

默拉皮火山位于印度尼西亚爪哇岛的中部，海拔2968米，是印尼129座活火山中最活跃的一座。这样一座一直冒着烟随时可能喷发的活火山，你敢去征服它吗？也许你想都不敢想，但现在已经有人征服了它，他就是28岁的孙书之。

孙书之是陕西宝鸡人，是一名健身教练，更是一名旅游爱好者，曾经依靠4000元钱穷游东南亚5国。因为喜好旅游，他也喜欢看一些关于野外生存挑战的节目，尤其是英国登山家贝尔·格里尔斯主持的《荒野求生》节目，曾一度令他着迷。多期节目看下来，他发现大多是国外探险者，竟没有中国人。这个发现让他很意外，他想为什么外国人能去挑战，而中国人不行？他想自己去尝试一下。

孙书之的想法遭到了家人的反对，可他不想放弃人生中的每一次机会，还是毅然决然地向着目标出发。出发前，他做了很多准备，除了看一些攀爬火山的攻略外，还准备了冲锋衣、冲锋裤、丛林靴、手电筒、相机和手机等，可他不仅是想完成一次生存体验，更是想挑战一下自己，爬山时他没有带任何食物和水，也没有向导。

1 月 20 日，孙书之开始向默拉皮火山进发。爬了一个小时后，他在一块石头上坐了下来，为了保存体力，他休息了 5 分钟。几个小时下来，体力消耗越来越大，他只得每爬半小时就要休息 10 分钟。他不仅要合理安排好体力，以保证能登上山顶，还要想方设法地让自己生存下来。渴了他就用冲锋衣收集植物叶子上和树坑里的水，饿了只能生吃昆虫。

他又继续前行，爬到山腰时他看到一座纪念碑。他知道爬到纪念碑位置的有很多人，但从那里爬到顶峰，世界上仅有十几个人。虽然只有 300 米的直线距离，可四周被浓雾笼罩，什么都看不到，脚下又都是火山灰和碎石，一不小心随时有可能摔下去。

纪念碑就像是一个转折点，要么登顶，要么返回。走了一段路之后，他停下来休息，竟然看到熟悉的植物，再向周围望去，他发现自己又回到了上一次休息过的地方。他知道最可怕的事情发生了，更可怕的是天色渐暗，他只能让自己冷静下来，重新辨别方向，又朝着新的方向走去。没有向导，他走了不少弯路，迷路了只好重新寻找出路，即使这样，他也从未想过返回。

快登顶的一个小时里，他接连休息了三四次，还找了一些干草塞进衣服里用来御寒。火山口近在咫尺。空气变得越来越稀薄，他明显感觉到呼吸有些困难，他咬咬牙，继续攀登。在登顶时，到处都是火山灰，四周也弥漫着浓度极高的有毒气体的味道，这使他出现了头疼、心律紊乱等身体不适的状况，异常的难受让他只能手脚并用地向上攀爬着。

此时，对于孙书之而言就是命悬一线，火山随时都有可能会喷发，万一喷发，他肯定跑不过岩浆。幸运的是，除了冒烟外火山很安静，他终于站到了默拉皮火山山顶。那时他的靴子裂开了，左腿被落下的石头砸了一下，耳朵很疼，心脏也不舒服，再加上呼吸的不顺畅，他在那里仅仅停留了 1 分多钟，就赶快下山。

可就是为了这 1 分钟的成功，从上山到安全下山，他整整耗时 14 个小时。在这段时间里，孙书之不断挑战着自己，完成了独自一人登上印尼最活跃的活火山默拉皮火山顶部的壮举。

往往，成功的人不是赢在终点，而是赢在通往终点的过程中，因为所有的艰辛与磨难，都是为了成全最美丽的瞬间。

把贫穷磨砺成珍珠

● 秦益辉

从桃花江美人窝出来，朝着家所在的方向，左转，两边高山，大树旁逸斜出，遮住头上的天空，窗外一失原本的明亮。导航无法显示我们查找的目的地，很明显，我们迷路了。

“妈妈，这是回家的路吗？”

“是的，走吧。”母亲从容地说，“从桃江回益阳，只有这一条路。我就是眯着眼睛走，也知道是哪儿。”

“细木（爸爸的小名），你看，这坡下的平地就是当年我和连儿（爸爸的徒弟）拉沙发到桃江歇脚的地方。三十几年了，还是没个人烟，只是树木都高了，那时候躺在沙发上，抬头就能看见密密麻麻的星星。嗨，可美了！”

我六七岁大的时候，沙发特别流行，那时的沙发很简单，类似于现在的长椅，只是材质是木头和真皮，我记得我们家的沙发比别人家的高级一些，打开还可以是一张床，所以逢年过节家里来了客人，不怕没有床的，平时折叠就是沙发，不占空间，这都是爸爸和徒弟们想出来的，换到现在应该算是创意吧。正因为这原因，拉沙发到桃江市里卖，是很有市场的。

“那段时间，你爸身体不好，不能干重活，做沙发都已经很吃力了，不能指望着再让他拉沙发去卖。指不上你爸爸，我就和你们的连哥哥用板车拉着沙发到市里去卖。”妈妈语气里透着坚定。

想起父亲生病的那段日子，屋里屋外弥漫着中药的味道。妈妈说熬过的药要倒在路边，任人踩，病才能好得快。印象最深的是每次爸爸把药喝下去以后，都一脸坦然，再苦的药也不能让他皱一下眉，用爸爸自己的话说这是“良药苦口利于病，苦尽甘来”，其实，何止是吃药，很多苦日子他们也是吃得下去的。穷苦在爸爸妈妈眼里并不可怕，相反那是追求美好生活的动力！

母亲在形容拉板车这件苦力活的时候，说那就像在拉纤。尤其上坡的时候，绳索嵌到肉里，车和沙发就像一只无形的大手，挣着往后退，往前每一步都很吃力，但也要咬牙坚持，不然松了劲儿就再也拉不动了。那个时候母亲总会抬头去看星空，星星虽然寥寥，光也清冷，但是却能感受到一种温暖的力量，似乎星星里有无穷的宝藏，突然觉得生活再苦，也是有奔头的！

那么苦累的岁月，母亲也不忘给我们的心灌输童话的汁液，夏夜里，凉席双排开，弟弟在左，我在右，母亲坐中间，轻摇蒲扇，仰望星空给我们讲着美妙的故事，讲着讲着，母亲就让我们抬头看星星，她说星星会说话，它们眨着眼睛，一定是听懂了我们的话，在点头致谢呢。母亲说星星喜欢听人们的愿望，星星越高兴就越亮，像珍珠一样光彩夺目，就像心愿发光一样!

那段脱贫致富的岁月里，漫天星星倾听了母亲多少心愿才有如此的璀璨呢?

如今，贫穷已离我们远去。母亲说：“现在好了，妈的心愿一个个地都实现了。其实贫穷并不可怕，可怕的是你被贫穷吓住了！”

是啊，贫穷并不可怕，可怕的是你被贫穷吓住了。果实如果害怕阳光，永远不会成熟；蝴蝶如果害怕蜕变，永远不能翩翩起舞；雄鹰如果害怕高空，永远不能展翅蓝天；蚌如果害怕磨砺，永远不能产生珍珠。

一个困难一个困难地克服，一个愿望一个愿望地实现，才终有珍珠的璀璨，才会有一个个好日子的烈焰。

别被还没到来的危险“吓”死

•闫荣霞

这段时间比较烦。心像在滚油里滋滋地煎，一大堆活没心情干。

一年前先生下了岗，家庭收入一下子锐减了二分之一多。

偏偏因为要把年迈的父母接来赡养，半年前小房换大房，又欠了一大堆的房债。

正准备聚精会神奋战填坑，没想到老父亲的脑梗阻两个月犯了三次，他还没从医院出来，母亲又因为急性心肌梗塞，被救护车拉到了医院。

二老的事情还没料理清楚，孩子又因为贪玩没完成作业，城门失火，殃到我身上，老师把我拎过去训。

然后晚上就开始乱七八糟做梦，梦见自己好像站在一个深渊的边缘，四周黑漆漆的，不能举步，不能动弹，而且脚底下是流沙，哪怕拼命地保持不动，还是会一点一点往下滑，然后飞速下落，在飞速下落的过程中，“啊——”一声长叫，醒过来了，满头是汗。

躺在黑暗里想，这日子过不下去了。先生总也找不到工作怎么办？房债总也还不上怎么办？父亲母亲的病越来越重，怎么办？小毛孩子现在这么不努力，将来考不上大学怎么办？

真是拼了我的老命了，一口气兼了三份差，直到有一天，我发现自己不对劲，到医院去看，甲亢复发。而且腰还越来越疼，每天从事的都是“坐式”脑力劳动，腰椎间盘突出，疼得直不起来。感冒了，发烧 38 摄氏度，还硬撑起来干活。实在是太害怕，生怕一松手整个家庭都沉沦。

冷静下来想，真需要这么拼命吗？真需要如此焦虑吗？

先生一个大男人，既不好吃懒做，又有手有脚，怎么可能失业到底？他已经给自己找着出路了，每天东跑西颠地做生意，虽然辛苦疲惫，但是精神畅快。先生和我共同努力，还怕什么房债？

虽然父亲母亲都病着，但目前情况尚可，那就干脆把眼前的日子过好，把困难推到明天，也许到了明天再一看，看似逾越不过去的高山大海，不过就是一个小山包。

小女儿虽然顽皮，但健康、活泼、聪明、美丽。这一切都是她将来发展自我、开拓天地的本钱。现在这么早替她操的什么闲心！就算将来不能有所建树，过平凡的人生有什么不好？

很多压在心上的担子，都像一粒一粒的冰雹，看着挺大，实则真正的困难只不过包裹在里面的一粒微尘，外面裹着的，是厚厚一层心理坚冰。不是世界跟自己过不去，而是自己跟自己过不去。

上世纪五十年代，有一艘英国的集装箱运货船负责把马德拉群岛的酒从葡萄牙运到英国去。途中一名水手被误关在冷藏室里面。他有足够的食物储备，却知道自己活不了多久，这里太冷了，会冻死的。

于是他用一块金属片，在板壁上刻下了他每时每刻经受痛苦的感觉：寒冷是如何让他变得麻木，他的鼻子，手指还有耳朵都结了冰，变得和玻璃一样脆弱。他还描述了寒冷的空气是如何一点点地啃噬着他的伤口，那种灼痛让人难以忍受。就这样，一点一点的，他的身体僵硬了，他死了。

当船在里斯本靠岸后，船长打开了冷藏室的门，发现了水手的尸体，也读到了水手临终的痛苦经历。但是，最让他吃惊的是，冷藏室的温度计上显示的是 19 摄氏度——冷藏室中的货物不多了，所以在返航的途中，冷却系统根本没有工作——水手不是被冻死的，他是被自己的想象杀死的，或者说，是被还没到来的危险吓死的。

我也快了。未来的不确定性和危机感过于深重，引发了精神上的过度焦虑，然后又在蚕食我的身体。看来这个世界上最大的敌人确实是自己。放手，放心，就会发现世界还是这么个世界，但是路宽了，天蓝了，鸟语花香，一切大不一样。

第八辑

无论这个世界怎样对你，请一如既往地努力

做一条难看的狗脂鲤

●孙建勇

18岁那年的一天，威廉·马斯维努准备跳进卡里巴湖，了结自己年轻的生命。

1975年，马斯维努出生在津巴布韦首都哈拉雷西郊小镇穆贝尔。尽管是男孩，但是，他的出生并未给家人带来欢乐。他长得实在太丑，五官不成比例，整张脸皱皱巴巴地像个老头，每个看到他的亲友都被吓得后退。父亲愁眉苦脸，母亲唉声叹气，都对他的未来充满担忧。

几年后，担忧全都变成了现实。马斯维努3岁时，家中唯一疼爱他的母亲不幸去世，噩梦从此开始。因为丑，没人愿意照顾他，更没人愿意送他上学，他常常外出流浪，捡拾垃圾度日。好不容易挨到18岁，马斯维努想找份工作。尽管他看上去蛮有力气，但是，没有人愿意雇佣他，更为甚者，很多人还当着他的面，“哐啷”一声把门关上。

完全丧失信心的马斯维努站在卡里巴湖边，内心如同冰冻。

如果不是 23 岁女孩爱丽丝·查帮嘉的出现，他很可能真的会成为湖中虎鱼的美餐。爱丽丝是卡里巴湖渔夫的女儿，也是个苦命孩子，她父亲去世两年，只剩下她一人以捕捞为生。当看见一个相貌奇特的小伙子在湖边徘徊的时候，爱丽丝主动上前搭讪，问道："你知道这湖里有凶猛的狗脂鲤吗？"

说实话，马斯维努长到这么大，没碰到有人主动跟他搭话，更别说是个女孩。这让马斯维努感到有股暖流传遍全身，他嗫嚅道："我、我、我没有吓到你吗？"爱丽丝摇了摇头，笑着反问："你会比狗脂鲤更可怕吗？"爱丽丝所说的狗脂鲤，是生活在卡里巴湖中的一种巨型虎鱼，长相丑陋，凶猛异常，长着 32 颗尖牙，以其他鱼类为食，是卡里巴湖的"霸王鱼"。

马斯维努沮丧地说："其实，在很多人眼里，我比狗脂鲤更可怕。"接着，他倾诉着自己的辛酸。同样饱尝艰辛的爱丽丝安慰道："除了狗脂鲤，我没有见过更丑的面孔，你的相貌其实并没有那么可怕，只是有点奇特罢了。可是，这又有什么关系？你知道丑陋的狗脂鲤为什么过得生机勃勃吗？因为它们有尖利的牙齿，有大块头，有力量，更重要的是，有一种勇猛向前的凶狠性格，而这是湖中其他鱼类所欠缺的，所以它成为了这卡里巴湖的霸王鱼。"

马斯维努似有所悟，平生第一次露出了笑容。从此，他每天都到湖边看爱丽丝捕捞，与她聊天，一同分享生活的心得，逐渐变得阳光起来。后来，经过多次求职，他终于在哈拉雷的一家菜市场里当上搬运工，凭力气挣到了第一份薪水。

一年后，马斯维努和爱丽丝结为夫妻，接着他们的孩子相继出生。尽管生活负担更加沉重，但是，马斯维努没有抱怨，因为有了爱，他内心非常充实。工作之余，他想唱就唱，想跳就跳，毫不在意别人对他长相的嘲弄，他常对爱丽丝说："亲爱的，或许我天生就该做一条难看的狗脂鲤。"

上帝也许更愿意眷顾那些积极向上的人。37 岁时，马斯维努的命运发生了改变。2012 年，在爱丽丝支持下，他勇敢地参加了津巴布韦大型"选丑比赛"。在舞台上，他身着滑稽服装，跳着搞笑的舞蹈，大方展示自己的"奇丑相貌"，最终击败对手夺得桂冠，并于 2013 年 10 月再度蝉联冠军，被称为"最丑先生"。两次夺冠共获奖金 2400 南非兰特 (约合 2240 元人民币)，这笔钱足以给妻子爱丽丝买很多漂亮的衣服，给儿子交付全年的学费。

在接受媒体采访时，马斯维努搂着妻子的肩膀，无比自豪地说："能蝉联冠军，我很开心。我的貌丑与生俱来，但是这没关系，爱丽丝是唯一愿意接受我的人，她教会我去做一条狗脂鲤，你们知道，那是丑陋的凶猛大鱼。没错，我就是它！感谢爱丽丝！"

我们所说的"丑陋"一词其实包含两层意思，一层是指外貌的不美，是为"丑"；另一层是指内在的粗劣和缺失，是为"陋"。一个人可以"丑"，但不可以"陋"！外貌丑，并不可怕，只要内心充实，积极向上，仍然是好样的，比如这个最丑先生马斯维努。

戈麦斯兄弟的秘密

●［美］兰迪·菲茨格拉德 庞启帆 编译

天刚拂晓，约翰·戈麦斯就坐在餐桌前学习了。他今年读八年级。他的孪生兄弟托尼·戈麦斯则软绵绵地坐在椅子上，昨天的工作让他筋疲力尽，他还没完全恢复过来。突然，外面响起了节日的音乐声和孩子的欢呼声。

托尼突然想起了什么，坐直身体说道："嘿，圣诞快乐！"约翰只是耸耸肩。"别这样，"托尼说道，"我们得做点什么来庆贺！"

"我们没有钱。"约翰无精打采地说。托尼顿时像泄了气的皮球。

2001年9月，戈麦斯兄弟的父亲佩德罗·戈麦斯，和他的第二任妻子决定搬回他的出生地——墨西哥。自从1995年父母离异后，戈麦斯兄弟就再也没见过他们的亲生母亲。

当父亲说出他的打算时，兄弟俩震惊无比。"不，我们不想走。"和往常一样，他们异口同声，"我们要在这儿上完学。"兄弟俩出生在亚利桑那州的图森市，是美国公民。

听了儿子的话，佩德罗烦躁地在屋内走来走去。“你们自己选择。”最后，佩德罗说。他告诫他们不要惹麻烦。如果有关当局发现还没成年的他们自己生活，他们就会被送往寄养家庭，也许还要被分开。然后他预付了几个月房租，留了个墨西哥的电话，就把行李装上车，扬长而去。

父亲走后，年仅 14 岁的约翰和托尼就要为支付账单、购买食物、自己就学而四处奔走，同时要格外小心地对别人保守他们的秘密。他们商定，无论发生什么，都不退缩。他们的首要目标是读完高中。

为了生存，放学后，兄弟俩到附近的一家面包店打工。老板只能悄悄给他们报酬，因为他们尚未达到法定的打工年龄。他们的饭通常是学校的免费午餐和面包店的面包屑。

钱是他们最大的问题。用面包店的工资支付房租后就所剩无几了。他们经常被其他账单压得喘不过气来。

他们不时还会碰上一些小麻烦。自从他们的父亲离开后，邻居时不时上门打听他们的父母。“爸爸出差在外。”他们差不多都是这样回答。这个借口说多了，他们只好改口说父母去度假或者走亲戚去了。他们不能冒险对任何人吐露真情。

然而，看见其他孩子从父母那得到支持与关爱，兄弟俩感觉特别孤独。他们用来联系父亲的那个墨西哥电话不久后就没人接了。而他们的母亲，与父亲离婚后，由于父亲过度频繁地搬家，也在几年前与他们失去了联系。兄弟俩不知道的是，他们的母亲在加州的奇诺市，正拼命地寻找他们。

2004 年，托尼和约翰上高三了，似乎几年的努力与坚持终于就要得到回报，他们也即将达到毕业的目标。然而，超负荷的生活开始对托尼产生了负面的作用。他开始逃学。约翰也无法再像以前激励他。有段时间，一连几天，兄弟俩彼此都不说一句话。就这样，托尼落了将近一学期的课。

2005 年 1 月的一个早晨，托尼起床后看着镜中的自己。他脸上嘲讽、气愤的表情把他自己吓了一跳。“这不是我！”托尼在心里这样对自己说。曾经的斗志又重新燃烧起来。我不是个懦夫！我要回到学校！

托尼申请了思雅乐高中，这个学校提供的课程可以帮他赶上进度。而他同时还要继续在外面打工。约翰则像个骄傲的父亲，不断鼓励自己的兄弟。

2005 年夏天，托尼在学期结束前夕拿下最后几个学分，获得了高中文凭。当晚，他手持文凭骄傲地站在台上。台下，约翰开心地给他拍照。

这时，兄弟俩已经 18 岁，不必再小心翼翼地隐瞒他们的秘密。更令人惊喜的是，在约翰从桑哥弓尼奥高中毕业的前一天，兄弟俩接到了失散多年的姐姐的电话。

第二天，在桑哥弓尼奥高中的毕业典礼上，约翰和托尼见到了阔别 10 年的母亲和姐姐。他们扑入彼此的怀抱，拥抱，哭泣。

现在，约翰在圣贝纳迪诺的一所商业学院读大学，专业是商务技术，业余为一家报社工作。托尼已经结婚，他毕业于计算机培训学校，如今在海军学习柴油机操作。每天，戈麦斯兄弟仍提醒自己：“不管你做什么，都永远不要轻言放弃！”

小人物的力量

●马俊茹

你伸出一只拳头来狠狠地打自己，你也能被它打疼。

是的，自己的力量也能达到极致，只要你全力以赴做准备。

早晨从晨光熹微中开始。他系上围裙迅速地端出一大盆肉馅，又端上一大盆面，手里套了一个塑料袋，非常麻利地甩出一个个面团子，称出一块块牛肉或猪肉馅，包在面里，又拿起擀面杖来回滚成面饼，放在电饼铛里烙、刷油。周遭的喧闹声在他这里仿佛远遁到了另一个世界，时间像是凝固住了。从早到晚，一天里他不知在手里颠倒过多少个面团，也不知翻转了多少下肉饼，可他的脸上始终笑呵呵的，像一个永不知疲倦的大男孩。

说起他的辛苦，许多人都劝他多找两个帮手；谈到他的盈利，许多人都劝他再开两家分店。他总是轻轻一笑，不置可否。一天里卖出多少面粉，需要多少斤肉，他都在心里清清楚楚记了一本账。一块也不贪多，一斤也不会少。不多不少，每天数量都固定，卖完就关门。小伙子憨憨地解释说：“做这么多正好在自已的能力范围之内，如果贪多的话，恐怕就会影响质量了。”这个肉饼店的生意出奇得好，而相邻的另一家肉饼店里却总是人员稀疏，更令人称奇的是，来这里吃饭的人并不催促喊叫，相反倒都是彬彬有礼，你谦我让，好像来这里只是歇歇脚享用慢时光的。这里的时光似乎很慢，慢到像是回到了打更时代那种平静淡然的生活。免费的玉米粥，盛粥的勺子柄很长，人们戏称这是“天堂的勺子”，于是顾客们都是你给我盛，我帮你端，然后盖好盖子，悄悄地走进店里坐下来静等。阳光照进店里，每个人的脸上都明媚着，像是挂着天使的微笑。有一次见他给一位顾客找钱时不好意思地说：“你那块肉饼拿错了，不是牛肉的，应该少3元。”顾客大大咧咧地说：“你不说我们也没吃出来啊。”

每次回来看到小伙子打烊的情景，我总要忍不住驻足。小伙子将店里清扫得干干净净，然后关好门，哼着歌踏上一辆三轮车晃悠悠地消失在暮色里。

他二十来岁，外地口音，居住在离市区很远的待拆迁的一间简陋的平房里，靠着一双手一点一点积攒着生活的能量。不知为什么，每周都要去肉饼店里吃半张肉饼喝一碗粥，算是对这个外地年轻人的一种无言的支持与赞许吧。

也许明天的梦想永远不能抵达，也许一生都要在这种奔忙劳碌中度过。可是，只要努力拼搏过，你也能像萤火虫一般在黑暗中闪亮。

她同样也是个小人物。在单位里，默默地来，默默地去，默默默地做，默默地学。在这个喧嚣的尘世中，人人恨不得高扬了扩音器来张扬自己，唯恐被忽略，被遗忘。可她不，偏偏在安静中做着自己。

没有各种荣誉名利，她潜心于业务，精益求精，自己掏钱订各种杂志书籍来充实自己，利用空闲时间去参加培训来提高自己，上网下载专家视频与讲课资料来超越自己。当别人忙于钻营拉关系之时，当别人微信网聊热火朝天之时，当别人嘲笑她只管拉车而不看道时，当别人背后议论她始终没有晋级时，她都置若罔闻。十多年里，她写下了二十多万字的读书笔记，发表了十多篇学术论文，个人在业务上的精湛也是令人不得不竖大拇指。她在本子上写道：也许机会与我总有一段距离，但我一直在准备寻找着，也许在寻找的过程中我竟无意寻找到了自己，而那才是最重要的。

是的，她仍是一个小人物，没有晋级，没有荣誉，与优秀无关，但她是幸福的。她在一点一点的学习中丰富着自己，在一回一回的碰壁中锻炼着自己，在一次一次的执着中坚守着自己。卑微着，辛苦着，骄傲着。

一粒种子也许不会长成参天的大树，也不会开出艳丽的花朵，但它选择成长就选择了自己的春天。一个小人物也许不会有什么惊天动地的大创举，但千千万万个小人物的力量汇聚起来，就可以擎成社会的中流砥柱，构成坚实幸福的每一个日子。

做一个小人物并不可怕，可怕的是丧失了小人物的力量。

当生活黏住你的时候

●老玉米

21 岁的那个夏天，我一个人去澎湖旅游。为了体验一下渔民的生活，我在那个傍晚跟随一户渔民到海里去捕鱼，那一次我们是去捉小鱿鱼，捉小鱿鱼要用一个网，中间放一个灯叫作“聚鱼灯”，放下去后小鱿鱼就会游来。每撒一次网大概要五十分钟的时间，撒去后就等着小鱿鱼游进网里。等了很久，等得我快睡着了的时候，时间到了，当我们把网拉上来一看，差点昏倒，那里面只有三只小鱿鱼。等了五十分钟怎么才捉到三只小鱿鱼？渔民的生活真是太辛苦了！当时我心里就觉得很难过，可是那个渔民却开心地说：“哇！这三只配烧酒刚刚好。”他的太太也热情地应和着：“待会我给你们烤着吃，尝尝鲜。”

又下了一次网，五十分钟以后再捞上来，一看，五只，那个晚上撒了无数次的网，渔民、他的太太和我三个人工作了一个晚上，捉到的小鱿鱼却屈指可数。这样辛苦的生活让我很是感慨！可是那个渔民安慰我说：“不是每天都这样子的，因为每一次下网，你都不能知道网拉上来时会有多少只小鱿鱼。”他也曾经有下一次网就捞起五百多斤小鱿鱼的记录。啊！这个时候就是丰收。

他说，他在捕鱼的时候遇到过很多次风浪，最惨的一次，风浪把他的渔船打翻，毁了他半辈子营生的家什，可是生活还得继续，一切又要重新开始，他能做的，就是节衣缩食，再做一条渔船，接着去打渔。

我和那位善良好客的渔民喝着小烧酒，那位太太为我们烤着小鱿鱼。借着酒劲，渔民扯开嗓子，竟然唱起了日本的《拉网小调》，那样子很是滑稽，却也显得很是真诚。

看着他们日子虽然过得凄苦，但夫妻俩相敬如宾，倒也算其乐融融。太太的性格似乎很好，毫无怨言地跟着他守着清贫的日子。我问起他们的孩子在哪里？他们骄傲地说在大城市里念着大学，也正因为如此，他们相信好日子马上就要来到了。

那一夜，我们聊得兴起。当问起他最初的梦想时，他的回答着实令我吃惊不小。“画家，”他说，“我的梦想是当个画家。”

这简直是天壤之别，渔民和画家，这怎么靠得上边儿呢？

“我没别的本事，可我得养家糊口，还得供孩子上大学。”他说，“有时候生活就是这样，它黏上你的时候，你所有的梦想就只能被抛下了。”

是啊，当乱无头绪的生活黏上了你，梦想就只有靠边站的份儿了。

雷蒙德·卡佛写过一篇小说——《所有的东西都黏在了他身上》，我特别喜欢。文中写了一对年青夫妇，丈夫想去钓鱼，但夜里孩子病了，两个人拌了嘴，丈夫留下，和好。这是很久以前的事了……因为故事的叙述者是一个老人，当年的孩子长成了一个时髦苗条的姑娘。回忆似乎是平静而温情的，但卡佛对生活有严重的焦虑感：再没有自由了，当有了女人，又有孩子，所有的东西都黏上来……但他又不能抛弃生活本身。那就做一个生活的失败者吧。“事情在变，”他说，“我不知道它们是怎么变的，但总是在不知不觉中，也不按照你的愿望来变。”

每个人的生活都会经历一些风云莫测的变故，变故终会使人成熟。我们的生平若是一只瓷碗，变故就是那一个个缺口。若一只碗曾经恬静于自己的完满，打下几个口子之后，这瓷碗也不得不失衡于残缺处的遗憾。遗憾之余，碗依旧是碗，照例要盛装日月山河、朗朗乾坤。

我再没去过澎湖，也不知道那对渔民夫妇现在过得怎么样了？但有一点让我坚信，那就是再苦的生活也不会将他们击倒，乐观是他们保持健康的良药。

还没来得及起飞，生活就已经变成了各种东西，牢牢地黏在你身上，让你动弹不得，只能像一只被翻过身来戏弄的甲虫一样慌张地动弹着六条腿……等你好不容易翻过来，下一次戏弄又莫名其妙地来到。

但这就是生活，正如雷蒙德·卡佛和我见到的那对渔民夫妇，再糟糕，你也不能将它抛弃。

让生活黏上来吧！

爱的一千零一夜

● 若蝶

出院的时候，正值深秋，落叶如疲倦的蝴蝶，纷纷飘落。

主治医生再三叮咛：一定要熬过三年，三年后，癌症的复发率会大大降低。三年，一千多个日夜呀，叫我如何熬过去？

恹恹地躺在沙发上。小女儿又来缠我讲故事了，这一次她拿着《一千零一夜》让我读给她听。我便给她讲了宰相的女儿是如何给残暴的国王讲故事的，如何解救了自己和许许多多的女子的。女儿听得入神，我却一下子愣在那里。自己多像那个女人呀，每天要伴随残酷的暴君，并随时有被杀掉的危险，这个暴君就是癌魔。怕，是没用的，暴君不会因为你害怕就手下留情。那么我是不是应该像宰相的女儿那样，每天给这个暴君讲一个让他入迷的故事呢？

好吧，那么我的故事是什么呢？

是淡定、是从容、是优雅、是坚强、是珍惜……是生生不息的爱。

我要为我爱的人，过好每一寸光阴，把每一天都过成一朵花，让日子散发出幽香来。

每天清晨，送孩子们上学，用坚定的语气说一声，妈妈等你们晚上回家。

然后打扫，给家一个整洁舒适的环境。累了，就倒在床上，听一段舒缓的轻音乐，在时光的流水上小憩片刻。

午后，捧一本书在手，读懂它，也读懂自己。再动笔写一点对世界的感怀，对往事的追忆。

在篱下锄草种花，等候一季花开带来的惊喜。去附近的田间走一走，闻一闻草木的味道，看飞鸟在苍茫的天空下一掠而过，掀动云朵的裙裾。

傍晚，做几碟小菜，等家人一个个叩响门扉，迎进一个个喜悦。饭桌上微笑着听儿子讲学校里的趣闻，听女儿哼着今天新学的儿歌，爱人叨唠着生意场上的得失。这热闹的晚宴，是多么欢喜的俗世人间。

当爱人在电视机前微微打鼾，不再粗鲁地叫醒他，给他盖上轻柔的毛毯。辛苦了，我的爱人，多睡会吧！

把手机通讯录里的名单删掉一大半，只保留亲人和两三个好友。不再需要那么多人在我的生活里。偶尔问候远方的朋友，听他们说红尘的新愁旧怨，生活的酸甜得失。最后轻轻地问一声：如果你现在是我，还会计较那么多吗？——癌魔成了我劝慰别人最好的道具。

我要像只蜜蜂一样叮在时光的花蕊上，吮尽每一寸甘蜜！

还不够呀，还不够。我还要在春天去赴一场桃花的邀约；在秋日去听大雁南飞的啁啾；在夏日去观荷起舞，听雨敲窗；在冬日的火炉边，温一壶酒，读两行诗。

哪一天不是知足欢喜的？哪一季不是值得重来的？这日子哪能过得够呀？

我的故事里没有惊心动魄，却细致温柔，如夕阳洒在一江碧水上。每一片波纹都泛着喜悦的粼光。就这样笃定喜乐地一日一日度下去，癌魔暴君，你也爱上了这飘着罂粟般迷香的日子了吧？走过我的一千零一夜，相信你也会放下屠刀，许我更长的岁月，让我把人间更多的美好继续给你讲下去！

跳跃在指尖上的阳光

● 菊韵香

这是一段于我今生难忘的经历。

在 2002 年的高考中，我一败涂地，也输得斗志全无。

多年后再回首，我深知我遇上的最强劲对手不是别人，而是我自己——那段日子，我拼了，就像一台连轴转的机器，白天黑夜，一刻不歇。直到高考临近，当我极力想从书山题海里跳出来时，哪怕放松、清静片刻，但，我根本做不到。我的脑子里填满了芜杂繁乱的数字、符号和公式，不余一丝空隙，鼓胀得像要爆炸；该死的失眠，也幸灾乐祸地找上了我。

结果不用说，我失守，落败。面对那些含满惊诧的目光，也无力解释，唯有把自己反锁在屋子里，一个人发呆、出神。母亲怕我闷出病，或者想不开，就把我送去了城里小姨家。

小姨住楼房，阳台很宽敞。一天早晨，小姨上班走后，我刚坐进阳台，便听到一阵朗读声从楼上传了来。

听动静，是个男孩。我至今仍记得清清楚楚，他读的是美国盲聋女作家、教育家海伦·凯勒的《假如给我三天光明》：

“有视觉的第二天，我要在黎明前起身，去看黑夜变为白昼的动人奇迹。我将怀着敬畏之心，仰望壮丽的曙光全景，与此同时，太阳唤醒了沉睡的大地。”

他的声音很高，但语速迟缓，磕磕巴巴，以致听起来很别扭，甚至刺耳。我承认，那时，我始终无法走出高考失利的阴影，哪怕再美妙的音乐于我都是噪音。更何况，他读得真就不怎么样。

越听越烦，我赌气喊：“难听死了，读不好就别读！”

那诵读声，就此戛然而止。原本以为这事就这么过去了，谁想，小姨刚回到家就提出要和我谈谈。

“谈什么？”我问。

小姨是老师，教初中。“你读过《假如给我三天光明》吗？”她反问。

当然读过。在我心里，自幼失明、失聪和失语的海伦·凯勒就是个伟大的传奇。她在世88年，尽管有87年生活于无光无声的孤绝岁月中，但她带给人类的却是光明、勇气和爱。她的散文代表作《假如给我三天光明》，亦从一个身残志坚的柔弱女子的视角，告诫人们当珍惜生命，热爱生活，用爱去拥抱这个美好的世界。

“知识给人以爱，给人以光明，给人以智慧，应该说知识就是幸福，因为有了知识，就是摸到了有史以来人类活动的脉搏，否则就不懂人类生命的音乐。”

小姨自顾背诵，声情并茂，我不耐烦地问：“小姨，你到底想和我说什么？”

小姨没有回答，而是打开门走了出去。等她再回来时，身边多了个十六七岁的大男孩。

只一眼，我便惊讶得差点叫出声。与此同时，又后悔、愧疚得涨红了脸。

他的左手里，握着一根盲杖；右手里，抱着一本比普通书籍要宽大要厚许多的盲文读物。

那本读物，正是海伦·凯勒的《假如给我三天光明》。小姨说，那是他前天过生日时收到的礼物，他非常喜欢读书，爱不释手，情不自禁地就读了起来。由于是第一次读，不熟，自感打扰到了我，就想跟我说声“对不起”。

第二年，经过复读，我再次走进考场，并顺利考进了自己心仪的大学。大学毕业后，我又凭着一股不服输的劲头，走上了文学创作路。

不久前，我去小姨家，欣慰地听说当年那个用指尖摸读，不，是用心阅读《假如给我三天光明》的大男孩，已被一家盲人学校招录为讲师。如今已成为好友的我和他都深信，面对不幸，当坚强乐观；困难阻路，当坚韧不屈。只要心怀阳光与希望，不轻言放弃，就一定能穿越黑暗，拥抱成功。

沐雾拟步行虫没有困境

●张云广

位于纳米比亚和安哥拉两国境内的纳米布沙漠是世界上最古老和最干旱的沙漠之一。

说其古老，是因为单是在高度可达二百米的沙丘之下就有着一百万多年前形成的砾石岩层，而实际上纳米布沙漠已有上亿年的历史；言其干旱，则是由于这里特别是沿海区域的降水量通常不足二十五毫米，水资源严重匮乏。

水是生命的源泉，干旱是身处其中的每一个生命体都必须要面对的严峻挑战。然而，就是在这极度干旱的严酷环境中，仍有一些生物顽强地生存和繁衍了下来。比如，茎部极短、根部极长，终生只长两片带状的叶子，靠叶片上的气孔来获取空气中的水分而寿命却可达两千年的千岁兰；又比如坚硬扁平、身长约二厘米的一种学名叫做沐雾拟步行虫的黑色小甲虫。

纳米布沙漠沿着非洲西南的大西洋海岸一路延伸，向北移动的寒冷的本吉拉洋流使其上部空气中的水蒸气冷却而液化成了雾气。气温低下的夜间，形成于洋面上的风会把潮湿的雾气吹向陆地，有时候可以长驱深入内陆五十公里之遥。

飘着薄雾的夜间，太阳还没有在东方升起，沐雾拟步行虫就早早地爬到了高高的沙坡的迎风面上。它们一例是头部朝下，尾部朝上，集体“摆 POSE”。当然，它们并不是真的在“摆 POSE”，而是以这种独特而实用的姿势来喝水呢！

随着时间的推移，薄雾中携带的水汽会在沐雾拟步行虫坚硬的有着超级亲水纹理的翅鞘隆起处越积越多，这些水汽逐渐凝结成小水珠，并在重力的作用下顺着翅鞘上面固有的防水沟槽汇聚成较大的水珠。这些较大的水珠继续汇聚，最终通过沐雾拟步行虫的前足准确而丝毫都不浪费地导引到它们的嘴中。有时候，沐雾拟步行虫一夜之间就可以收集到相当于其自身体重约百分之四十的水量。

这是沐雾拟步行虫一天中唯一的一段饮水时间，当太阳升起，热力扩散，雾气消失，这些小甲虫们就会停止水分收集“工作”，而到特别炎热之时则会转移到沙面以下凉爽的地带以躲避酷热的袭击。待到下一个凉爽的夜间至清晨，它们还会早早“起床”，全体出动，爬上沙坡继续做同样的“自我灌溉的功课”，以此来为生命的延续提供水源上的保障。

困境并不可怕，可怕的是泯灭了摆脱困境的勇气，从而丧失了打破困境的可能。在纳米布沙漠中顽强生存的沐雾拟步行虫以及千岁兰启示我们：境由心造，而在适者和强者的眼中，世界上从来就没有真正的困境，因为总有一个出口等待你我去移步发现，总有一条道路指向生存和美好的方向。

种瓜不为得瓜，为的是看花

●张诗雨

去书店，那么多的书看得我眼晕，就像皇帝在三千佳丽里挑选待幸的美人，一边辛苦挑书一边纳闷：这么多的书，有多少人看呢？偏偏我又刚刚签了一本来写——既然没有人看，我还写来干什么？

偏偏在这关键时刻，一个老先生又兜头给我浇下一瓢雪水。他直言不讳地说希望我立志高远，写出传世之作，不要文字写了许多，能给人留下印象的很少。天啊神啊圣母玛利亚，玛格丽特·米切尔凭一本《乱世佳人》传世，马尔克斯凭一本《百年孤独》传世，路遥即使别的作品都没有，他的《平凡的世界》也足以让他传世。我呢？我拿什么传世？

一句话说得我神昏气丧，写什么都觉无意义，干脆逛街、泡吧、上网、看电视。可是人不累，心长草——我过不来这样的生活。往常熬夜写作，字字都有我的心血，字字都从我的心苗上所发，忙极累极，却像饱吃了一顿山珍海味。黛玉说宝玉对：“我是为的我的心”。宝玉说她：“难道你只知你的心，不知我的心？”我的文字和我的心就是这样彼此相知。那个时候心净无念，哪里还想得到后世不后世的事。

就像 39 岁的博比，原是法国妇女周刊《她》的主编，事业做得风生水起，生活过得有滋有味。却因为一根血管破裂，搞得肢体和器官都不能动弹，变成一个“活死人”。要命的是，虽然被囚三尺病榻，智力却完好无损。一个人变成一只茧，僵硬的壳封住一颗勃勃跳动的心。看得见，说不出来，听得懂，表达不出来，全身能动的就只剩一个左眼皮，除了能睁能合，它还能干什么？

可是一位语音女医生无意间发现他有交流的渴望，便尝试着在他眼前举起字母牌，他就用左眼皮的眨动，一个字母一个字母地遴选，一个词语一个词语地拼凑，就这样，居然一行一行地“写”起书来。最后，自传体的长篇小说《潜水铜人与蝴蝶》问世。铜人被幽暗的水体关锁，不能说话，却有着精铜般的意志，而在铜人的一层坚硬甲壳里，藏着的是思想那轻盈起舞的蝴蝶。

一书完成，博比安静去世，没有一丝遗憾。他凭着左眼唯一会动的睫毛“眨”出来的文字，完成了自己最后的人生传奇。我相信，他在千千万万次眨动左眼的时候，并没想着让全世界都知道博比是谁，他只不过想要“说话”而已，这是他辛劳而最感惬意的生命方式——必须如此，不得不如此。

一部《石头记》，那也是曹雪芹经营出来的一亩三分自留地，他何曾想着要流传后世？举家食粥也罢，赊酒来喝也罢，穷、苦、疲、弊、艰辛、操劳，这些都罢，那种有关“披阅十载，增删五次”的辛苦写作的表达，其实从很大程度上是写给别人看的。一边冲别人叫苦，一边偷偷藏起来一种感觉，那就是他从写作中得到的深沉的，足够躲避尘世的，抵挡千军万马的叫嚣与冲击的，愉悦。

一个乡土作家说过一句话：“我迷恋生活的过程，于是常常在中途停下来四处看看，也随手捕捉一些风与影。我知道，只要我的手一松，它们就会烟消云散……”正因为怕它们烟消云散，世人才选择了各种各样的储存路径和表达方式，用手，用口，用纸，用笔，用眼，用心，唱歌、跳舞、演戏、写诗。一种方式就是一条路，条条道路都通向渺不可知的未来。

说起来，一个人走上一条路，既是他选择了路，也是路选择了他。前途荒芜，大风大雨，走到哪里不知道，有路无路也不知，反正就是要一步一步走下去。间或风停雨歇，花叶水迹犹湿，小鸟唱出明丽的曲子，这一时半会儿的心旷神怡，就权作了给自己半世辛劳的无上答谢，哪里会想得到遥远的后世。

世上事本就如此，就算你耕田、布种、施肥、浇水，晴天一身土，雨天一身泥，种出一只只西瓜肥头大耳，也挡不住虫咬鼠患，雪压风欺，一场雹子下来，就砸得藤断瓜碎，根本无法注定一个果实累累的结局。倒不如忙时且忙，闲时安坐田园，清茶一杯，看郁郁黄花，蝶舞蜂飞，自是人间一快。谁说种瓜就一定要得瓜？我种瓜，为的是看花。